HANGJIA DAINIXUAN

行家带你选

翡翠

姚江波 / 著

中国林业出版社

图书在版编目（CIP）数据

翡翠／姚江波著．－北京：中国林业出版社，2019.1
（行家带你选）
ISBN 978-7-5038-9880-8

I. ①翡⋯ II. ①姚⋯ III. ①翡翠－鉴定 IV. ① TS933.21

中国版本图书馆 CIP 数据核字（2018）第 279252 号

策划编辑　徐小英
责任编辑　李　伟　王　越
美术编辑　赵　芳　曹　慧　刘媚娜

出　　　版　中国林业出版社(100009 北京西城区刘海胡同7号)
　　　　　　http://lycb.forestry.gov.cn
　　　　　　E-mail:forestbook@163.com 电话：(010)83143515
发　　　行　中国林业出版社
设计制作　北京捷艺轩彩印制版技术有限公司
印　　　刷　北京中科印刷有限公司
版　　　次　2019 年 1 月第 1 版
印　　　次　2019 年 1 月第 1 次
开　　　本　185mm×245mm
字　　　数　152 千字（插图约 350 幅）
印　　　张　9
定　　　价　60.00 元

黄翡镯子（三维复原色彩图）

翡翠飘蓝墨花如意

翡翠镯（三维复原色彩图）·清代

三色翡翠玉镯 · 清代

◎ 前 言

　　翡翠是一种硬玉，为天然玉石的一种，由硬玉的矿物集合体组成，较小的晶体紧密结合在一起形成牢固的块状，含有少量的绿辉石、钠长石、蓝闪石等。翡翠直至清代中期才开始大规模流行，开始主要在宫廷流行，在乾隆皇帝直至慈禧太后等清代历朝统治者的大力推动下，人们对翡翠的情节日重，趋之若鹜；与此同时，翡翠还由宫廷深度走入民间，从此皇城之内、市井之上，翡翠比比皆是，民国和当代都非常流行，成为尘世之中人们最为熟悉珠宝之一。翡翠种类丰富，枚不胜举，犹如灿烂星河，群星璀璨。翡翠的产地非常多，世界上很多国家都产，但大多数国家所产的翡翠达不到宝石级别，缅甸几乎是世界上唯一能够产价值连城翡翠的国家。翡翠以其硬度高、种水、地色的优雅等，固有的优点，打动了很多人，使人们对其情有独钟，自清代中叶在中国流行以后，一直盛行，直至当代，且丝毫没有消退的意思；当代翡翠在数量上则是达到了一个新的高度，市场上翡翠琳琅满目，数量众多，且在品质上与明清相比更为优良，这主要得益于当代机械化开采能力的增强，使得以前不可能开采到的翡翠都被开采了出来，目前我国已经成为世界上最大的翡翠原石进口国，翡翠原材备料达到历史上最为丰盛的时期，这为翡翠大器、及精品力作的出现奠定了基础。在我国，翡翠制品自产生之后就以前所未有的速度迅猛发展，令其他珠宝汗颜，从造型上看，翡翠制品琳琅满目，造型隽永，雕刻凝烁，精品力作频现。

　　明清翡翠虽然离我

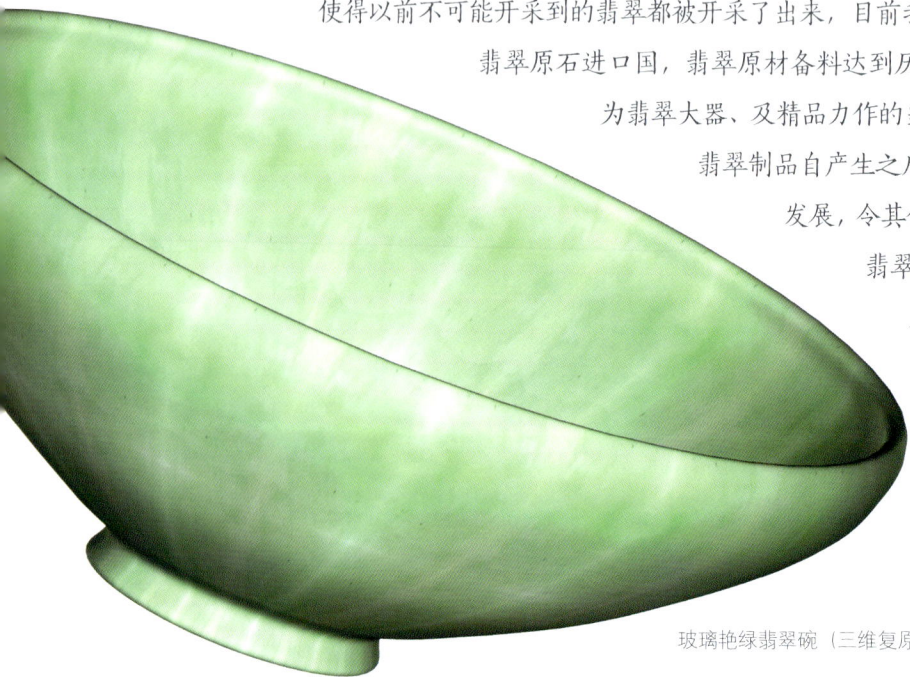

玻璃艳绿翡翠碗（三维复原色彩图）

翡翠葫芦

们远去，但人们对它的记忆却是深刻的，这一点反应在收藏市场之上，在收藏市场上清代、民国翡翠受到了人们的热捧，各种翡翠饰品在市场上交易频繁；当代翡翠更是在人们日常生活当中扮演着重要角色，是种广为使用着的玉石，但并不是所有的翡翠都是价值连城，大多数翡翠还都是普通的翡翠，然而在收藏热的推功下，人人都想收藏到顶级的翡翠，这也注定了各种各样经过优化、作伪的翡翠频出，成为市场上的鸡肋，鱼龙混杂，真伪难辨，翡翠的鉴定成为一大难题。而本书拟从文物鉴定角度出发，力求将错综复杂的问题简单化，以质地、种水、色彩、工艺、造型、厚薄、纹饰等鉴定要素为切入点，具体而细微地指导收藏爱好者由一件翡翠的细部去鉴别翡翠之真假、评估翡翠之价值，力求做到使藏友读后由外行变内行，真正领悟收藏，从收藏中受益。本书在编写过程中专门创作了三维复原色彩图及复原图，其目的是为了帮助读者拓展知识面，在现有技术条件下可以使许多看不到的鉴定要点呈现出来，通过对翡翠标本色彩取样、三维扫描等手段，使其在三维环境下生成三维复原色彩图，三维技术可以将翡翠上的任何一点放大到无限清晰的程度，这样有助于我们观察色彩，而此时造型所起到的只是任意附着物的作用，所以，不必看造型；三维复原图则是针对造型与色彩的双重复原，既要看色彩、同时也看造型；这将有助于我们进行研究和鉴定工作，相信一定会对读者有所帮助。另外，对于研究需要使用到的翡翠高仿品，本书在的图片后面一一注明，这样可以帮助读者识别当今市场上出现的绝大多数高仿品，以了解翡翠高端市场，同时增强真伪辨别的能力。以上是本书所要坚持的，但一种信念再强烈，也不免会有缺陷，希望不妥之处，大家给予无私的批评和帮助。

姚江波

2018 年 12 月

◎ 目 录

黄翡鱼

翡翠挂件·清代

翡翠翠花·清代

翡翠执壶（三维复原色彩图）·清代

翡翠蝴蝶挂件·清代

翡翠辣椒

翡翠观音

翡翠蝴蝶挂件·清代

第一节　概　述

一、概　念

　　翡翠又称翠玉，如中国台北故宫
所藏的著名的翠玉白菜，翠玉指的就是翡翠，天然玉石的一种，由
硬玉的矿物集合体组成，较小的晶体紧密结合在一起形成牢固的块
状，其中有时含有少量的绿辉石、钠铬辉石、霓石、阳起石、钠长石、
蓝闪石、磁铁矿等。化学成分为硅酸盐铝钠，主要是二氧化硅、氧
化钠、氧化钙、氧化镁、三氧化二铁，并含有微量的氧化铬、镍等。
但并不是具有这些特征的硬玉都是珠宝意义上的翡翠，硬玉岩型翡
翠和绿辉石岩型翡翠中多见宝石级别翡翠，其他类型当中很少见，
我们在鉴定时应注意分辨。

三色翡翠玉镯·清代

二、山　料

翡翠原石可以分为山料与籽料，山料就是山上的原石，无皮色，可以直接看到里面的肉，不属于赌石的范畴，形状为块状，与普通的砾石无异，形状不一，棱角分明，质量参差不齐。从体积上看，从几克到几公斤，从几公斤到几吨，甚至更大者都有见，可见大小不一。

翡翠翠花·清代

三、籽　料

翡翠籽料是山上的原石掉入到河谷之中，被洪水裹挟，经过滚动、碰撞、打磨、冲刷等自然的磨砺，形成了卵形原石。但显然籽料的原石并不都是规则的卵形，所制作出来的翡翠质地非常细腻，而是各种形状近似卵形的造型，也是大小不一，有的握于手掌心间，有的则需要吊机进行搬运。籽料形成的过程当中留下了不透明的皮色，隔着皮色看不到内部，因此有赌的成分在里面，这样翡翠赌石应运而生。但对于翡翠来讲，通常情况下也是十赌九输，有人一夜暴富，有人一夜倾家荡产，这样的情况都很常见。

翡翠紫罗兰四季豆

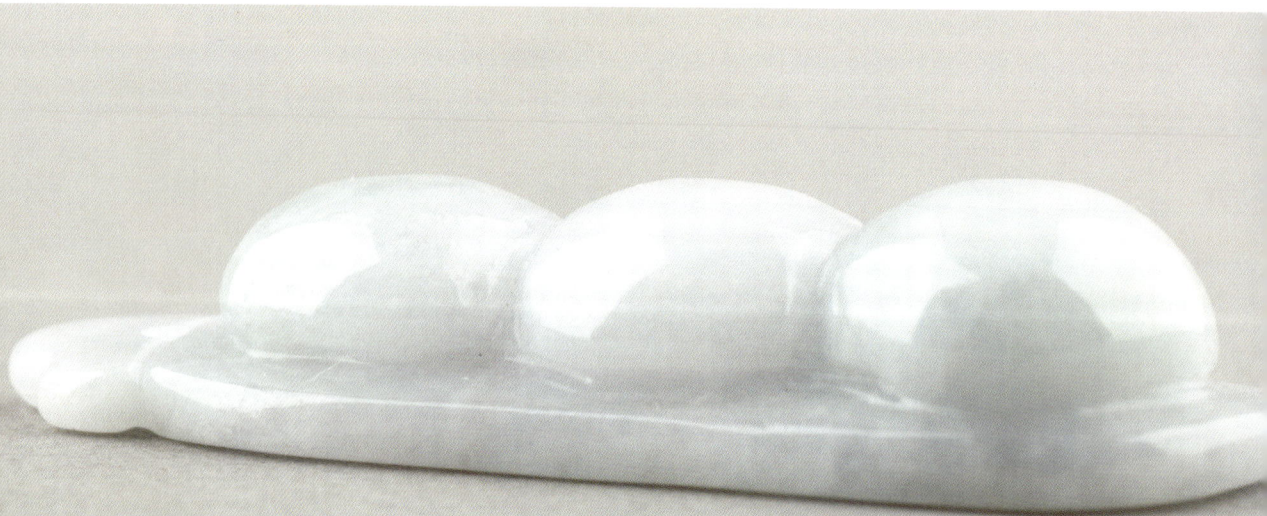

翡翠珠子

四、皮 色

翡翠籽料由于受到风化，其皮色比较复杂，从色彩上看主要有，黑皮、白皮、黄皮、铁皮、灰皮、褐色皮、黄褐皮、黄梨皮等，这些皮色无法用肉眼或者仪器看穿，所以很神秘。而且从外表来判断内部有无肉，是一个很难的过程，特别有经验的人也只能是看一个大概，主要是根据色彩、组织结构、光泽、苔状物等来判断。当你买的时候，缅甸人可能会告诉你黑乌沙皮出好料的可能性会大一些，但是你不要信这些，其实对于有皮色的翡翠毛料来讲，当然这只是理论上的，黑色斑块状的可能出好料，但并不一定指你买这一块，所以并不可靠，所谓的经验有时只是一种误导，在市场上见过很多侃侃而谈的人，最终都付出了不菲的代价，这就是名副其实的赌石了。所以关于皮色经验，本书在这里不便赘述，鉴定时应注意分辨。

翡翠挂件·清代

翡翠飘蓝花如意

五、产　地

　　翡翠在产地特征上比较明确，从世界上来看，缅甸、美国、日本、俄罗斯、墨西哥、哥伦比亚、危地马拉、哈萨克斯坦等国家都出产翡翠，以缅甸所产翡翠为最好。其他国家所产出翡翠质量不高，基本上达不到高档玉石的级别，所以缅甸几乎成为了世界上唯一能够产出价值连城翡翠的国家，现在每年公盘至少都是在几百亿人民币左右，是名副其实的翡翠产地。我国翡翠从清代开始流行以来，翡翠原料的来源就是缅甸。

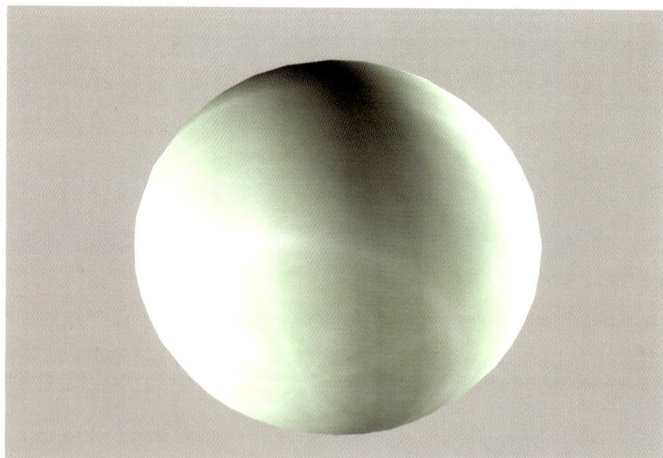

翡翠带绿珠（三维复原色彩图）

翡翠吊坠·清代

第二节　质地鉴定

一、硬　度

　　硬度是翡翠抵抗外来机械作用的能力，如雕刻、打磨等，是自身固有的特征，同时也是翡翠鉴定的重要标准。对于翡翠而言硬度非常大，通常翡翠的硬度为 6.5 ～ 7，这个硬度相当硬，比珊瑚 3.5 ～ 4.01 的硬度大很多，可见翡翠无论在玉石还是宝石当中，硬度都是比较大，一般的刻刀对其根本不起作用。这是翡翠鉴定的一个重要环节。

翡翠珠子

翡翠飘蓝花如意

二、比　重

翡翠在质地上非常致密，翡翠的比重为 3.25 ～ 3.43，它直接反映了翡翠内部成分和结构，内部结构越细密，密度越大。翡翠这个比重数值相当高，如琥珀比重为 1.1 ～ 1.16，看来比琥珀高得多，所以翡翠在质地上相当致密，相当坚硬，除了容易碰伤外，自然情况下难以腐蚀，不容易脆裂。翡翠感觉会比较重，这主要得益于其内部良好的组织结构，鉴定时应注意分辨。

豆种飘花翡翠碗（三维复原色彩图）

翡翠带绿水滴

三、组　织

　　翡翠由细小的颗粒状和纤维状硬玉交织在一起，形成如毛毡、针状、纤维交织结构、纤维柱粒交织结构，之所以有粒状的情况，是因为组成翡翠的硬玉主要成分的二氧化硅就是颗粒状。由上可见，翡翠主要是分为镶嵌变晶和交织变晶两种结构，其中镶嵌变晶包含柱状和颗粒状，但这两种品质一般，而结构以纤维状交织变晶存在的较为细腻，纤维状越细长玉质越好，质地越是细腻，反之则相反。观察时需要一些设备，也具有一些复杂性，但最初期鉴定时可以先用强光电筒进行观察。

翡翠执壶（三维复原色彩图）

翡翠镯子（三维复原色彩图）·清代

四、折射率

　　翡翠折射率特征比较明确，折射率是光通过空气的传播速度和光在翡翠中的传播速度之比，通常翡翠的折射率约为 1.66。对于被鉴定的某件翡翠制品来讲，显然折射率是个固定数值，将这个固定数值同翡翠一般数值进行对比，就可以知道被鉴定翡翠是否属于翡翠制品，这对于翡翠鉴定具有重要意义。

翡翠手串

五、断　口

翡翠为粒状断口，就是在应力的作用下产生的破裂面，形状各异，但大致可以分为齿牙状、起伏不平状、蚌贝状、粒状等，这是鉴定翡翠的重要方面。任何一件翡翠作品只要我们仔细观察都可以看到断口，因为不同质地的翡翠在断口上不同，如水晶是贝壳状断口，和田玉的断口是平坦状的，依据这些我们可以来鉴别翡翠的真伪。

黄翡鱼

翡翠执壶（三维复原色彩图）

六、脆　性

翡翠在脆性特征上比较明确，就是脆性很大，这主要是由于其硬度很高，内部结构非常的致密，在受到外界撞击后反应也比较大，如果摔到地上立刻就会碎掉。所以在把玩翡翠之时一定要注意保护措施，避免由于磕碰而造成伤害，鉴定时应注意分辨。

七、绺　裂

翡翠有绺裂的情况常见，通常都是翡翠自身原矿携带，次生绺裂的情况也有见，多是在制作时出现，或者是沿着原生绺裂进一步扩大化。绺裂的形状各种各样都有，如直线、曲线等，越大的的器物之上绺裂越容易出现，越小的器皿之上绺裂出现的可能越低。绺裂对于翡翠价值的影响很大，因此，在购买时应仔细观测。

黄翡执壶（三维复原色彩图）

八、痕迹法

痕迹法是翡翠常见的一种检测方法，这是一种有损害的检测方法，不过一般情况下都没有问题，只要不是金刚石等特制的工具在翡翠上刻划，翡翠之上是不会留下任何痕迹的，如普通的石头刻划翡翠，翡翠是不会留下任何痕迹，反倒是石头受损了。这是由于翡翠的硬度比较大所致，但是如果能够刻划出痕迹，显然是伪器。

翡翠竹节

翡翠观音

九、吸附效应

　　吸附效应鉴定的原理是利用翡翠的物理特性，即热电效应，加热翡翠体后所产生的电压能够吸附灰尘，而人工合成的翡翠则没有这一物理现象，真伪自然可辨识。不用特意的加热，通常情况下玻璃柜内的太阳光或者是灯光的热度足以使翡翠体两端受热，从而产生电荷，可以吸附灰尘等，如果不具吸附性，则说明是伪器。

翡翠冰种戒面

翡翠冰种戒面

十、翠　性

　　翠性是翡翠特有的特征，在有光且反光的情况下，会在翡翠上看到像"苍蝇翅""雪片"等形状闪闪发光的硬玉物质，这是由其固有的特征所决定的，也是其他质地玉石所不具有的特点，我们可以用来鉴别翡翠的真伪。当然翠性是有大小，而翠性的大小主要是由翡翠颗粒粗细来决定，颗粒越粗，"苍蝇翅"等看起来越明显，也就是翠性越大，而晶体颗粒越细，翠性则越小。当然以上所述是未抛光的翡翠，如果是已经抛光的翡翠，其翠性可以通过放大镜看橘皮纹来观测，鉴定时应注意分辨。

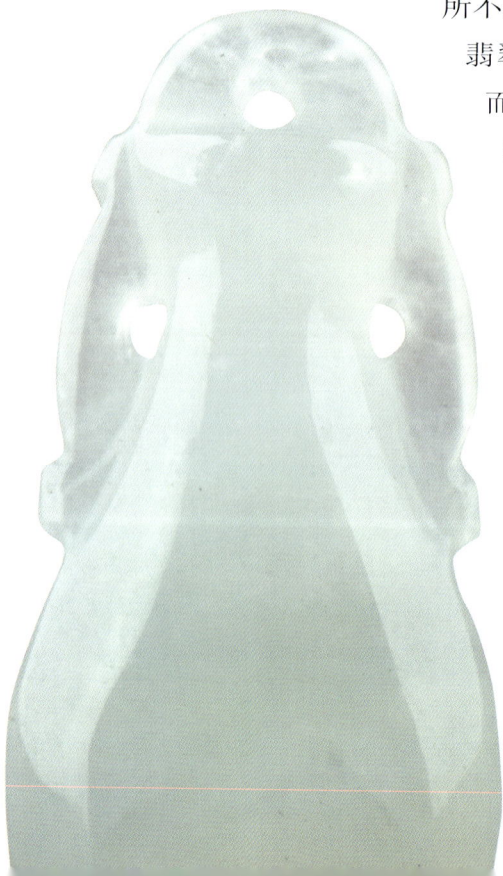

翡翠冰种带绿花瓶

清代翡翠吊坠

十一、A货

　　翡翠 A 货就是指没有经过任何优化处理的天然翡翠，这种翡翠在市场上多是最为优质者，因为只有种、水、色等俱佳者才不需要进行人工优化，但也有少部分是有瑕疵者直接上市。总之，人们心目中冰清玉洁的翡翠显然是 A 货，而不可能是其他，所以 A 货也是自古以来人们所孜孜以求的。

翡翠冰种四季豆

翡翠珠子

十二、B 货

B 货是指经过人工优化的翡翠，如用人工的方法去掉翡翠上常见的一些褐色、黄色等不是正色的斑点，包括除去杂质、增强透明度、充填、漂白，总之想尽一切办法使低等级的翡翠变成高等级的翡翠。有的绿色看起来极为纯正，但实际上是经过人工处理的，B 货只是除去翡翠的缺陷，而不用染色等办法改变翡翠。这些我们在鉴定时应注意分辨。

十三、C 货

C 货就是用染色的办法直接去提升翡翠的等级，常常将无色的翡翠染成纯正的绿色。C 货与 B 货的区别主要是，B 货是除去翡翠缺点，色彩等仍然是天然的，而 C 货则是改变翡翠本身的特点，如色彩等。C 货可以制作成各种各样的色彩，如绿色、红色等，如果是通体满绿等还好分辨，如果是局部使用就具有很大的欺骗性，典型的以次充好。C 货一旦标明，显然就是一种人工优化水平的展示，也无可厚非，但如果不标明，让消费者自己去分辨，那么等同于欺骗，没有尽到提醒责任。

仿翡翠平安扣

翡翠弥勒佛

十四、手 感

人们用手触及到翡翠时的感觉也是鉴定的重要标准，翡翠给人的感觉首先是重，比普通的石头重很多，拿到手里有压手感，这是因为翡翠密度很大，颗粒相当细腻，玉化程度很高，所以才会特别的重。但是这种标准大有"只可意会不可言传"之韵，是人们的一种感觉，也只能用感觉来判断。其次翡翠给人的感觉特别凉，放到唇边是冰凉的感觉，而如塑料等伪器就没有这种感觉。从温润性上，翡翠制品给人的感觉是光滑、油性十足、润泽、细腻等，总之是特别的温润，这一点几乎所有的翡翠触感都是一样的。总之，触感虽然是一种感觉，但它却不是唯心的，它也是一种科学的鉴定方法，而且是最高境界的鉴定方法之一。但收藏者在练习这种鉴定方法时需要具备一定的先决条件，就是所触及的翡翠必须是靠谱的标准器，而不是伪器，如果是伪器则刚好适得其反，将伪器的鉴定要点铭记心中，为以后的鉴定失误埋下了伏笔，所以手感对于我们鉴定翡翠是极其重要的。另外，感觉还应该多实践，特别是要与翡翠的造型、薄厚、品质等诸多方面进行对应性的训练。

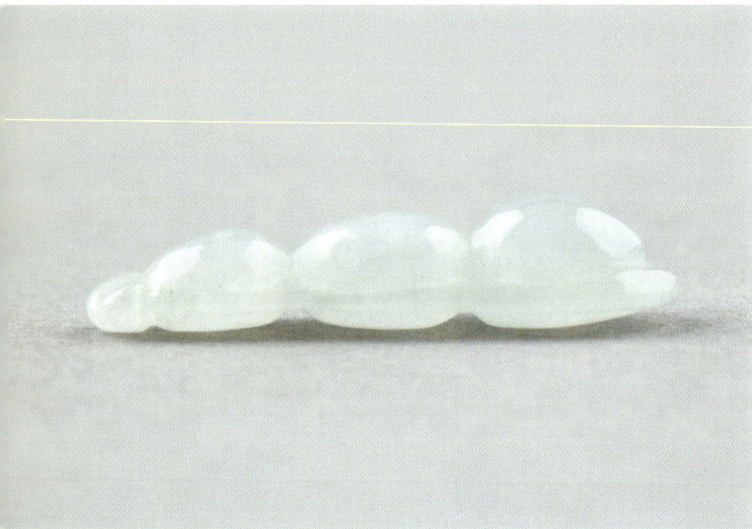

翡翠冰种四季豆

翡翠珠子

翡翠镯子（三维复原色彩图）·清代

十五、纯净程度

　　翡翠通常会有一些杂质，这是翡翠作为自然之物所不能避免的，但做工可以有效地将有杂质的部分去掉。在一些不大的器物之上也有视觉看不到杂质的情况，这种情况我们称之为通体匀净，但实际上如果用放大镜来看还是有杂质的，只是我们的视觉感觉不到而已，由此可见，翡翠在杂质上的判断也是以视觉为标准，鉴定时应注意分辨。但并不是所有的翡翠都能够通过切割使其变得通体匀净，只有一些好的种可以，如玻璃种、水种等，而如青花种、豆青种等杂质其实很普遍，几乎无法通过切割来避免。从体积上看，体积越大的翡翠看到杂质的可能性越大，因此无论是清代还是当代的翡翠，大件其实都是翡翠的大忌，基本上是以小件为主，所以看到很大件的翡翠，又是通体匀净，显然是值得思索的事情，这可能吗？总之，纯净程度是决定翡翠优劣的标准之一，通常同种的翡翠在匀净程度上越好，价值越高，反之则价值越低，不同色、不同种的翡翠之间没有可比性，鉴定时应注意分辨。

翡翠戒指

翡翠珠子

十六、涩 感

天然翡翠光滑，而且非常的温润，但是如果手盘玩时有涩感，立刻可以判断是伪器，我们不管这件伪器是用什么制作的，但仅仅从涩感上就不符合翡翠自身固有的特征。

十七、声 音

翡翠的声音是鉴定的好方法，翡翠 A 货相互之间轻微碰撞敲击，发出的声音清脆悦耳，而 B 货或者是 C 货之间相互敲击发出的声音则是沉闷和短促的，一般用手镯声音比较好。其实原因很简单，就是因为 A 货没有经过处理，而翡翠本身硬度、密度是非常大的，所以敲击自然会是清脆之音，反之 B 货和 C 货经过处理，已经改变了原有的结构和致密程度，所以在声音上听起来会有问题，鉴定时应注意分辨。

翡翠手串

翡翠执壶（三维复原色彩图）·清代

翡翠镯子（三维复原色彩图）

十八、气　泡

翡翠的结构是固定的，是由细小的颗粒状和纤维状硬玉交织在一起，形成如毛毡、针状、纤维交织结构、纤维柱粒交织结构，所以翡翠中绝不可能会有气泡。无论气泡有多么隐蔽，多么小，只要是放大镜可以看到的，立刻判定其不是 A 货，也就是不是天然的翡翠。B 货以下等级的产品，或者是 B 货充填的胶中有气泡，也可能就是玻璃做的，连 C 货都不是，是假的翡翠，这一点我们在鉴定时应特别注意。

翡翠葫芦

第三节　辨伪方法

　　翡翠的辨伪方法主要包括两种，一种是对清代翡翠文物性质的辨伪，另外一种是对当代翡翠质地的辨伪，两种其实是一种方法论，一种行为方式，是人们用它来达到翡翠玉质辨伪目的手段和方法的总和，因此辨伪方法并不具体。它只能用于指导我们的行为，以及对于清代及民国翡翠辨伪的一系列思维和实践活动，并为此采取的各种具体的方法。由上可见，在鉴定时我们要注意到辨伪方法在宏观和微观上的区别。另外，还要注意到对于翡翠的鉴定和辨伪，不是一种方法可以解决的，而是多种方法并用。

翡翠执壶（三维复原色彩图）·清代

翡翠辣椒

　　在翡翠的辨伪当中，科学检测显然已经成为一种风尚，许多翡翠制品本身就带有国检证书，表明仪器检测的观念已深入人心，这是由翡翠适合检测的固有优点所决定。通过对硬度、比重、折射率等一系列数值的检测，很快就能够科学有依据地得出被鉴定物是否是翡翠质地。不过年代等特征，目前国检并不能出具有效证书，主要还是从考古学和传统金石学两个方面来进行判定。另外，翡翠种、水、色等方面的优劣也是无法检测，所以检测只是鉴定的基础，在这个基础之上开启我们鉴定的全过程，而不是鉴定的结束，鉴定时应注意体会。

翡翠豆种飘花葫芦

玻璃艳绿翡翠碗（三维复原色彩图）

一、看"种"

翡翠按照颗粒的细腻程度来区分，可以分为老坑种、新坑种、玻璃种、水种、冰种、糯种、豆种、油青种、芙蓉种、干青种等，种是翡翠透明度、结构、颜色的反应，而这些主要是由颗粒的细腻程度来决定，颗粒越是细腻，透明度越高，如玻璃种等，反之则是呈现出下降的趋势。对于未抛光的翡翠我们可以通过翠性来看种的优劣，如玻璃种完全透明，因像玻璃一样而得名，在不带仪器的情况看不到任何翠性。但如果很明显能够看到翠性的，显然是我们平常在市场上经常见到的豆种等。下面我们来看一下翡翠的种。

（1）老坑与新坑。老坑的翡翠概念较为复杂，一是指老矿口，也就是老坑口，人们在开采的时候通常会选择比较好的种来开采，也称为古董老坑。我们来看一则实例，"清代翡翠挂件 1 件"（苏州博物馆，1990），这就是一件老坑制品，当然不只是清代有，民国

时期翡翠制品也是十分常见。实际上这种说法有一定的道理，但老坑与新坑在原料上的优劣程度具有很大的不确定性，或许新坑出土的料子比老坑种还要好，所以二者之间没有必然的联系，只是说大多数文物级的翡翠是老坑种。第二种老坑的概念是指，硬玉在形成岩石后，经过地质作用的改造，品质非常高，种水漂亮，这样的翡翠称之为老坑。而反过来在硬玉成型后，经历的地质作用改造较少，品质普通的翡翠，称之为新坑。

　　从透明度上看，老坑翡翠透明度高，而新坑翡翠透明度较低。从致密程度上看，翡翠老坑种致密程度高，翡翠细腻，几乎看不到颗粒状态的物质，而新坑则是可以看到结晶的颗粒，细腻程度明显不如老坑。从绺裂上看，老坑翡翠通常情况下没有绺裂，而新坑则是绺裂严重。从杂质上看，老坑基本上看不到杂质，多数属于体内匀净的情况，而新坑翡翠则是杂质明显。由以上老坑和新坑的两种概念相比较可以看出，第一种老坑与新坑的概念漏洞比较多，第二种比较合理，我们在鉴定时应注意分辨。

翡翠挂件·清代

翡翠执壶（三维复原色彩图）·清代

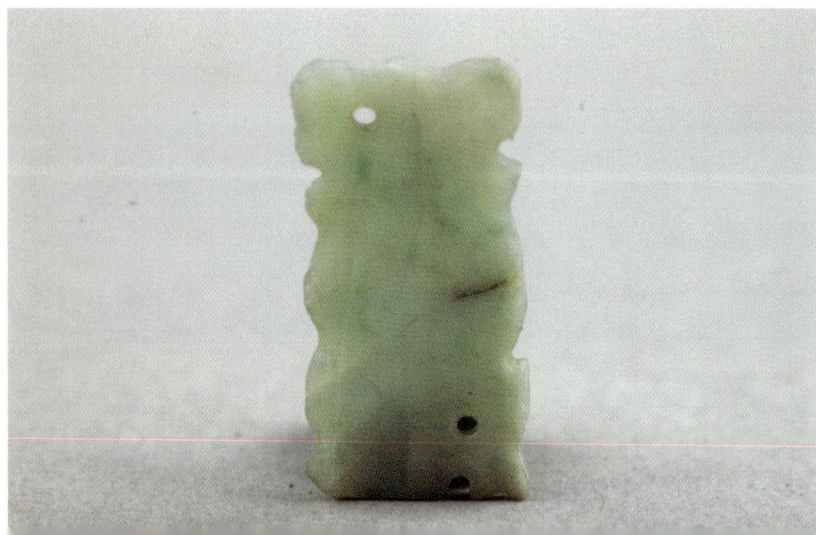

翡翠竹节纹挂件·清代

翡翠吊坠·清代

翡翠翠花·清代

（2）玻璃种。玻璃种的翡翠犹如玻璃般的晶莹剔透，故而得名玻璃种。玻璃种的翡翠透明度很高，基本是通透的，但与玻璃不同的是颗粒结构相当的细腻，且没有玻璃的气泡，我们几乎看不到玻璃种翡翠的任何粒状物质。具有玻璃光泽，数量很少，也有不同的颜色，如白色、绿色等。总之，玻璃种当中有相当好的翡翠制品，数量很少，特别是满绿而纯正的玻璃种数量更是少见。从杂质上看，玻璃种翡翠之上略微有杂质的情况有见，但多不严重，这一点我们应能理解，虽然是玻璃种，但自然之物，有杂质或者是绺裂都很正常，而且玻璃种不是很容易掩饰，我们在鉴定时应注意分辨。

（3）水种。水种翡翠是玻璃种到冰种之间的一个过度。水种翡翠晶体颗粒略粗于玻璃种，但比冰种略好一些，不过这种程度都是相当的微小，只有在放大镜下才能勉强比较出来，而像人们的视觉则根本无法感受到。因像水一样故而得名，但水种翡翠并非都是无色的，人们通常将这种无色的称为"清水"，有绿色的称为"绿水"，有紫色的称为"紫水"，有蓝色的称为"蓝水"，绿蓝色之间的色彩称为"晴水"。在珍稀程度上看，"清水"和"紫水"比较好，"蓝水"比较差。从杂质上看，水种翡翠之上略微有杂质的情况有见，而且一般都比较清楚，且不容易掩饰，因为太通透了。

（4）冰种。冰种翡翠因像冰一样的冰清玉洁故而得名，颗粒也是相当的细腻，但从高倍放大镜下看比玻璃种和水种略大些。当然从理论上讲略大些，意味着致密程度的降低，透明程度的下降等，但由于这都是极微小的颗粒变化，所以很不明显，只是与玻璃种和水种有区别而已。从光透过翡翠的程度来看，冰种很明显比玻璃种略差，半透的情况有见。从翠性上看，略微有一些翠性，如可以观测到橘皮纹。从杂质上看，冰种略微有杂质的情况有见，只要不影响美观，这并不是太大的缺陷，因为冰种翡翠是自然之物。冰种翡翠以"白冰"为常见。

翡翠冰种带绿花瓶	冰种翡翠镯子（三维复原色彩图）	翡翠冰种四季豆

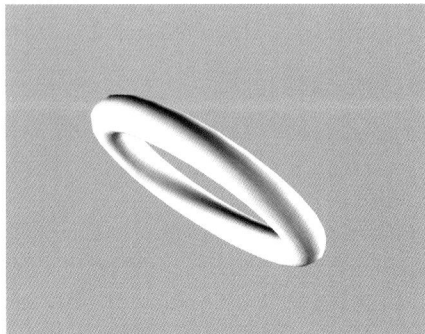

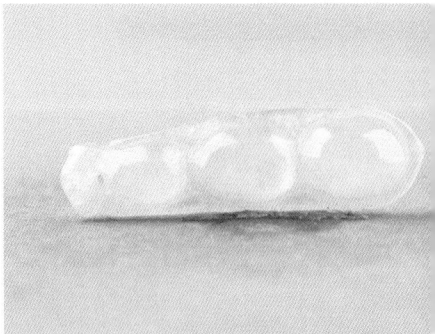

　　（5）糯种。糯种内部透光，因观测像糯米粥一样，故而得名。内部结构朦胧，颗粒的细腻程度略逊色于玻璃种，透明度比玻璃种和水种、冰种低，一些较好的可以达到冰种的水平，称之为冰种化底。普通糯种为糯米种的翡翠，杂质比较多，看起来浑浊，透明度较差，鉴定时应注意分辨。

　　（6）豆种。豆种的颗粒比较粗，在自然光下可以看到颗粒，犹如豆粒，故而得名。豆种透明度比较差，不属于高档次的翡翠，橘皮效应明显，光泽不是太好，杂质也比较多。

翡翠观音

翡翠镯子（三维复原色彩图）

翡翠带绿弥勒佛

翡翠珠子

翡翠豆种竹节

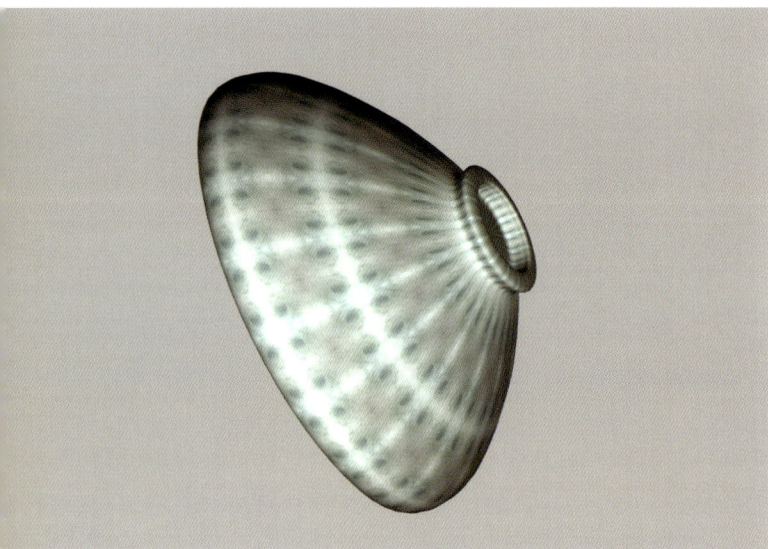

豆种飘花翡翠碗（三维复原色彩图）

翡翠豆种竹节

二、看"地子"

"地"也称为"底"，主要是指绿色以外的部分，有时也融合在一起，主要着眼于颗粒的粗细程度，以及致密程度。透明度、色彩、净度、光泽、结构等特征的总体反应，包含种水特征，同时也包含绺裂、杂质、石棉等特征。好的翡翠地子种一定是好的，但好的种不一定地子是优良的。由此可见，地是一个综合性的概念，同时也是视觉意义上的概念，看来翡翠的地判断也是以视觉为标准，常见有玻璃地子、水地子、冰地子、蛋清地子、芙蓉地子、鼻涕地子、青水地子、灰水地子、浑水地子、藕粉地子、细白地子、白沙地子、灰沙地子、白花地子、豆青地子、紫花地子、青花地子、瓷地子、豆地子、马牙地子、香灰地子、石灰地子、干地子、狗屎地子等。当然这远不是翡翠地子的全部，只是人们简单根据其特点大致的一个分类，具体名称很多，不再一一赘述，下面我们具体来看一些较为典型的地子特征。

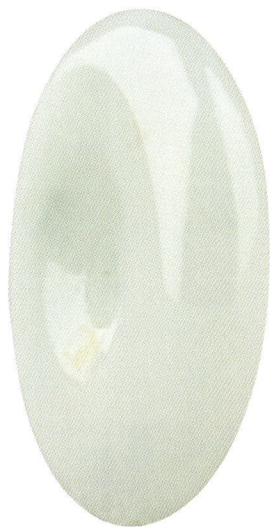

翡翠平安扣

翡翠豆种竹节

（1）玻璃地子。如同玻璃一样的透明，无视线阻挡的障碍，明亮，透明度极高，几乎看不见杂质，这种地子很少见，精美绝伦，美不胜收。

（2）水地子。像山泉流出的清水一样，川流不息，但本色不变，透明度很高，通体闪烁着非金属的玻璃光泽，故而得名，美不胜收，但与玻璃地子相比还显稚嫩。基本看不到杂质。

（3）冰地子。翡翠地子冰清玉洁，晶莹剔透，透明度很高，就像是冰块一样，故而得名，给人以冰雪天地、冰清玉润之感，意境至深，是人们喜欢的一种翡翠地子，十分珍贵，基本看不到杂质。

（4）蛋清地子。翡翠地子是犹如半透明状的液体，略有些黏稠，就像是鸡蛋清一样，故而得名，细腻、透明至半透明，也是十分难得，基本看不到杂质。

翡翠冰种戒面

翡翠花瓶

（5）芙蓉地子。翡翠芙蓉地子已经可以看到一些颗粒，但需要仔细观察才能看清楚，水头为半透明或者微透，质地还算是比较细腻，基本上找不到很明显的颗粒。

（6）鼻涕地子。翡翠上犹如清鼻涕一样的地子，有一个流动的过程，光泽较为黯淡，透明度不是很好，基本上是半透明，通体闪烁着玻璃光泽，通常杂质有见，鉴定时应注意分辨。

（7）青水地子。翡翠青水地子比较常见，一般带有青绿色的地子，透明度还可以，玻璃光泽，有一些少量的杂质，鉴定时应注意分辨。

（8）灰水地子。翡翠灰水地子在色彩上较为黯淡，浅灰色的地子略微影响到了它的透明度，通常是半透明的状态，质量一般，含有少量杂质。

翡翠豆种飘花葫芦

翡翠碗（三维复原色彩图）

翡翠紫罗兰四季豆

翡翠紫罗兰观音

翡翠珠子

（9）紫水地子。翡翠紫水地子在色彩上比较复杂，由于像是朦胧紫罗兰的色彩故而得名，但与紫罗兰的色彩又不完全相同，基本上是泛紫色的范畴，半透明，非金属光泽浓郁，玻璃光泽，含有少量杂质。

（10）浑水地子。翡翠浑水地子很容易理解，就是浑浊感比较强，虽然有一定的透明底，但看起来不是很清楚，犹如水池中的水不能一看到底一样，杂质比较常见，鉴定时应注意分辨。

（11）细白地子。半透明，玉质细腻，地子色洁白。如果光泽好，也是好的玉雕原料。

（12）生石灰地子。翡翠地子如同固体生石灰般的白色，无透明感，生石灰地子在翡翠低档货品中有见。

（13）熟石灰地子。翡翠地子无透感，色彩如同吸收了水的熟石灰的颜色，略有些浑浊感觉，不透明。

（14）干地子。透明度相当差的翡翠，低档货色，不透明，整个翡翠看起来无水头，基本上是原生矿。

（15）狗屎地子。翡翠地子上面有黄褐色、棕黄色、黑褐色、黑色泛淡黄等，不透明，如狗屎般色彩，顾名思义为狗屎地子，这种质地是一种低档次的翡翠。

翡翠飘蓝花如意

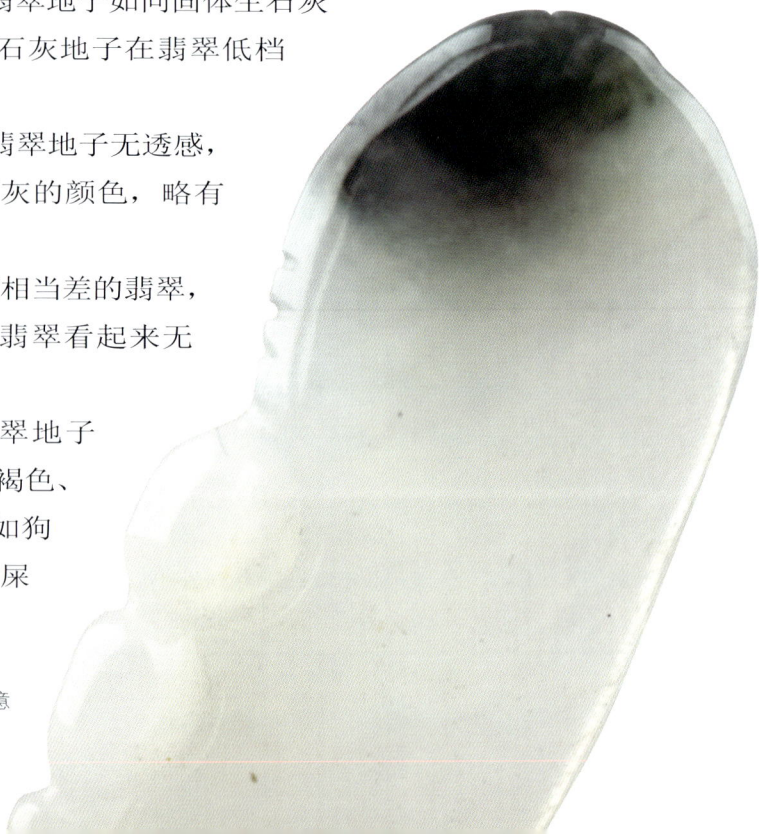

翡翠带绿弥勒佛（正面）

三、看水头

　　水头就是指翡翠的透明度，翡翠的透明度特征比较复杂，通常人们称透明度好的翡翠为水头长，反之则是水头短。实际上透明度的本质是翡翠透过可见光的程度，水头好的翡翠可以增加颜色饱满度，整个色彩充满翡翠之内，生机盎然，鲜活，反之则显死板，没有生气。所以水头（透明度）是判断翡翠优劣的重要标准。当然透明度的高低与翡翠的厚薄也有关系，所以通常情况下翡翠没有特别厚的，特别是水头不好的翡翠更是这样，我们在鉴定时应注意到水头与做工在这一点上的交集。从具体的透明度上看，翡翠透明度比较复杂，如玻璃地子几乎是透明的，如同玻璃一样，无视线阻挡，透明度极高；冰地子的翡翠也是这样，冰清玉洁，晶莹剔透，透明度很高；而如熟石灰地子就是不透明的，由此可见，翡翠在透明度上从透明到不透明都有见，期间还有微透、半透等。但从概念上看，水头显然不是纯粹的物理学上的透明和不透明的特征，其判断的标准主要是视觉。

翡翠镯子（三维复原色彩图）·清代

翡翠葫芦

翡翠带绿弥勒佛

四、光　泽

　　光泽是光线在物体表面反射的能力，而翡翠的这种反射能力非常强，光泽较好，在太阳光下非常的漂亮，转动每一个面都是熠熠生辉。但翡翠光泽并不刺眼，非常柔和，通体闪烁着非金属的玻璃光泽。翡翠在光泽上以光亮取胜，光泽越鲜、越亮、越艳越好，不同档次的翡翠在光泽上不同，如玻璃艳绿的光泽在色彩上相当鲜亮，几无缺陷，反之如青花地子等翡翠在光泽上则不是很明显。但从光亮程度上看，翡翠看似平和，实际上比较强烈，但又不失淡雅柔和，绝对没有刺眼的感觉，光泽非常均匀，忽亮忽暗感几乎没有，质感强烈，鉴定时应注意分辨。

翡翠紫罗兰四季豆

翡翠冰种戒面

翡翠挂件·清代

第二章　色彩鉴定

翡翠冰种带绿花瓶

第一节　翡翠色彩

　　翡翠在色彩上比较丰富，因含矿物质的不同而色彩相异。如含铁呈现出的是红色为基调的深红、红褐等色，如果是铜元素则是呈现出蓝色基调的色彩，如青色等，当然，如果含铬则呈现出人们梦寐以求的绿色为基调的色彩，从深绿直至淡绿都有。可见由于微量矿物元素的不同，翡翠在色彩的深浅浓淡程度的变化比较大。常见的色彩主要有无色、红、绿、黄、紫、白、油青、冰白、干白、墨、黑、红褐、黑褐、粉色、红紫、粉紫、嫩绿、草绿、艳绿、浅绿、湖绿、灰绿、苹果绿、暗绿、葱绿、黄杨绿、祖母绿、玻璃绿、瓜皮绿、菠菜绿、墨绿、豆绿、花青、紫罗兰、白底青、福禄寿等。下面让我们具体来看一下。

翡翠紫罗兰四季豆

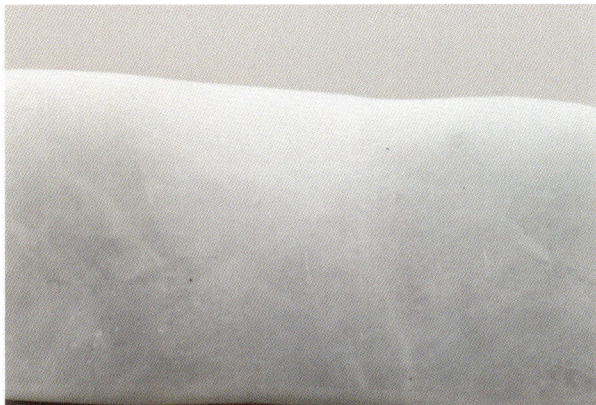

翡翠翠花　清代

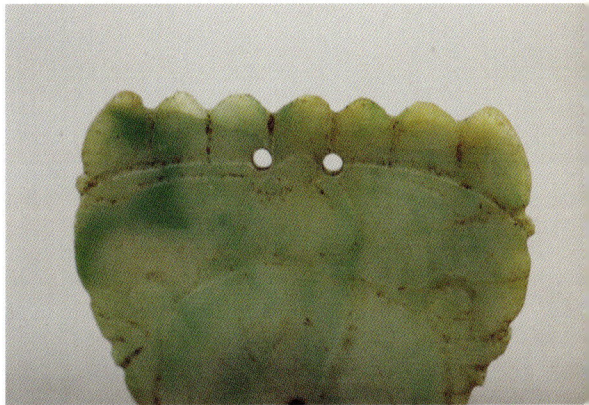

一、纯 色

翡翠在色彩上具有鲜明的时代特征，最重要的就是以纯色为主，如无色、绿色、红色、黄色、白色、黑色等，都是以纯色为上。其中绿色为人们的最爱，纯正的鲜艳的玻璃艳绿价格相当昂贵，是翡翠中的极品，不过纯色的翡翠数量很少。其实从理论上看，所谓的翡翠纯色，只是一种视觉上的概念，而并不是色彩学上的色板，以视觉为判断标准，因为是自然之物，如绿色常常会偏色到微黄、微蓝等，以至才有了草绿、灰绿、葱绿、豆绿等翡翠绿色万变的色彩，黄翡、红翡等也是这样，色彩不断地有偏色现象，这样就形成了色彩纷呈的众多颜色。

翡翠带绿水滴

黄翡鱼

二、渐　变

　　翡翠色彩具有相当程度的渐变性，从理论上看色彩的渐变性无时不在，只是如艳绿、玻璃绿等较为高档的色彩，在渐变程度上较弱，我们的视线感觉不到而已。当我们的视线能够感觉到的时候其实渐变色彩已经很严重了，如黄杨绿、菠菜绿等。所以，色彩的渐变性是翡翠在色彩上的基本特征之一，我们在鉴定时应注意分辨。

三、组合色彩

　　翡翠纯色很少，在渐变达到一定程度之后，量变就会达到质变，产生大量的组合色彩，如黄杨绿、红紫、粉紫、白底青、福禄寿、红褐、黑褐等。但组合色彩相当具有规律性，如红色常常会是红色和褐色组合在一起，形成较为稳定的红褐色；而绿色常常会以灰绿组合、灰蓝组合等方式出现，不同的组合方式常见，以色调为基础不断地分化组合。这些色调有的时候很相似，给人的感觉总是那么一种色调，但其实仔细观察这些色彩在具体的色调上是有区别的。从数量上看，这些组合色彩较为均衡，很难分出究竟哪一种色彩比较丰富，绝对数量应该差不多。如果一定要说优势，可能从人们的喜好程度上看，以绿色为基调的翡翠在开采上数量占优势。

翡翠挂件·清代

翡翠珠子

翡翠手串

四、稳定程度

　　翡翠色彩一旦形成，就具有稳定性，在后期几乎不会由于人们的佩戴或是光照等因素，而出现串色和色彩不稳的现象，色彩融合的通常都比较完美，色调也非常稳定，看起来都是比较成熟的色彩。可见翡翠的色彩在各种质地的玉器中，是最为稳定的一种，当然也正是这种稳定性，铸就了翡翠在珠宝界后来居上的地位。

翡翠紫罗兰观音

黄翡碗（三维复原色彩图）

五、浓淡程度

　　翡翠在色彩浓淡程度上的变化极为丰富，在具体色彩上变化多端，可以分出浓深、较浅、浅淡等色调，总之在色彩上或多或少地存在着不同之处。在同一件翡翠上这种情况也存在，主要是色彩浓淡程度上的不同，如有的翡翠内部色调较深，而外部的色调略浅，这样就形成了同一件翡翠之上，色彩浓淡程度不一的效果。总的来看翡翠在色彩上的变化比较丰富，只是幅度不大。再者从翡翠的色彩浓淡程度上看，同一面翡翠在色彩上还是具有一定的稳定性，只是从不同侧面看往往区别较大。

翡翠豆种竹节

玻璃艳绿翡翠镯子（三维复原色彩图）

六、色彩发展

翡翠目前倚重绿色，显然是传统延续的结果，因为这些色彩在清代中期的翡翠中就是主流，占据统治地位。但当代翡翠在色彩上不是完全延续传统，而是在其基础上有了很大发展，如冰白、干白、墨绿、紫罗兰，特别是茄子、粉紫等都较为流行，而这些色彩在清代和民国时期并不是很常见，更谈不上流行。因此对于翡翠而言在色彩上是不断发展的，过去人们不重视的色彩，在未来成为一种显赫的色彩都是可能的。但翡翠与其他质地色彩发展有明显不同的一点是，翡翠色彩在发展的同时，并没有抛弃传统色彩，这是比较罕见的，我们在鉴定时应注意分辨。

翡翠翠花·清代

翡翠吊坠 清代

第二节　色彩鉴定

　　翡翠以绿色为重，绿色即是传统色彩，也是当代所倚重的色彩。纯正的绿色，种水、地色俱佳者，价值连城，如玻璃种艳绿、正阳绿、苹果绿、玻璃绿、宝石绿等。当然，绿色种类非常多，可以说有着各种各样的绿色，嫩绿犹如刚刚发芽的青草一般的颜色，的确很多翡翠的色彩就是如此，通过淡淡的青色我们可以看到翡翠是透明的；草绿犹如原野上的草，风吹起的绿色，比刚刚发芽的嫩草的绿加深了几分，但透明度略微差了一些；艳绿非常的浓艳，透明度极差，不是很好的绿色，我们现代很多人身上挂的就是这样的翡翠；湖绿犹如湖水所映出的绿色，是翡翠中的佳品，一般很少见到；灰绿不是很纯净，略带有一些灰色，像雾一样在翡翠中萦绕；暗绿颜色发暗；葱绿青中泛黄；黄杨绿如同黄杨一般的色彩；祖母绿犹如宝石绿一般的色彩；玻璃绿犹如玻璃一般的绿色，翡翠看起来像是一块玻璃，透明度好；瓜皮绿，西瓜皮的颜色，青中带黄；菠菜绿像鲜嫩菠菜一样的颜色，青中带黄。下面我们具体来看一下。

翡翠执壶（三维复原色彩图）·清代

翡翠吊坠·清代

一、玻璃艳绿

数量。玻璃艳绿色的翡翠经常可以看到，数量很少，以老坑料为主，清代至当代都有见，民国时期较少。从件数特征上看，基本上多为1～2件，如果大量发现则要考虑是否为伪器。从总量上看，玻璃艳绿的翡翠十分有限，其数量显然无法与豆青绿、瓜皮绿等色彩相比，这一点显而易见。由此可见，物以稀为贵，玻璃艳绿的翡翠可以说是翡翠中重要的色彩。

时代。玻璃艳绿色的翡翠在时代特征上较为明显，基本上各个时代都有见，但在比例上不是很均衡。由于玻璃艳绿的翡翠在色彩上达到人们所能想象的程度，所以在每个历史时期人们都不懈追求。当然如果从绝对数量上看，还是当代最多，因为虽然过去开采了一些较好的坑口，但是以当代的机械开采能力，或者是技术水平，相信一定有许多相当好的料子被开采出来，只是很多情况下是一发现有这样的料子，消息很快就被封锁。但从市场上零星出现的情况来看，应该还是不断有玻璃艳绿的翡翠料子出现。

翡翠挂件·清代

概念。玻璃艳绿色的翡翠在色彩上相当稳定，基本上没有串色和偏色的现象，是较为成熟的色彩。玻璃种、玻璃地，加之艳绿，色彩都非常正，但这种是以视觉为判断标准。在浓淡深浅上的变化也很少见，显然这也是视觉上，实际上没有任何色彩在浓淡深浅上完全不变。

玻璃艳绿翡翠碗（三维复原色彩图）

光泽。玻璃艳绿色的翡翠在光泽特征上比较明显。从属性上看，玻璃艳绿的翡翠无论是哪一个色彩阶段，其所表现出的光泽显然都属于非金属玻璃光泽，鲜亮、艳丽。对于玻璃艳绿色翡翠而言，光泽更为润泽、淡雅，但依然可以反射出耀眼的光芒。它的艳绿色彩以及深色基调吸收了部分光线，降低了反射的强度，沉静典雅之气油然而生，真的是精美绝伦，巧夺天工，鉴定时我们要多体会这些光泽特征。

精致程度。玻璃艳绿的翡翠在精致程度上特征明显，从总体上来看以精致为显著特征，在数量上居于主流地位，鉴定时应注意分辨。

翡翠接近玻璃艳绿水滴

翡翠接近玻璃艳绿水滴

二、宝石绿

数量。宝石绿的翡翠经常可以看到，数量很多，以老坑料为主，嫩坑少见，目前市场上经常可以看到，在总量上有一定的量。由此可见，宝石绿翡翠比玻璃艳绿的翡翠数量多，应该是处于珍贵翡翠向普通翡翠转变的位置，鉴定时应注意分辨。

时代。宝石绿的翡翠在时代特征上较为明显，基本清代、民国和当代都有见，且在比例上较为均衡。因为宝石绿翡翠的出现毕竟不是偶然的现象，所以在每个历史时期都有见。当然如果从绝对数量上看，还是以当代最多，当代的机械开采能力，或者是技术水平，使得这类翡翠的开采变得很容易，市场上常见。

翡翠吊坠·清代

玻璃艳绿翡翠执壶（三维复原色彩图）

概念。宝石绿的翡翠在色彩上相当稳定，基本上没有串色和偏色的现象，比宝石当中的祖母绿淡一些。翡翠的漂亮，如一汪绿水，通透无比，是比较成熟的色彩，但显然宝石绿的色彩也只是视觉概念上的，以视觉为判断标准。在浓淡深浅上的变化比较丰富。从色彩稳定程度上看，浓深宝石绿的翡翠在色彩上比较稳定，但有十分微小的变化，而且并未能突破浓深宝石绿的范畴，偏色和串色的情况或许在其他色调之上很平常，但在浓深宝石绿的翡翠器色彩面之上很少发生，可见宝石绿真的是如同它的名字一样，也是非常难得。下面我们来看一下其浓淡程度上的特征。

翡翠翠花·清代

翡翠吊坠·清代

翡翠蝴蝶挂件·清代

翡翠挂件·清代

翡翠吊坠·清代

（1）浓深。浓深宝石绿的确存在，有时候在同一件翡翠之上集聚，即在一件翡翠之上，既有浓深又有较浅一些的宝石绿，还有浅淡宝石绿，相互融合在一起，看起来深邃、美丽。

（2）较浅。较浅宝石绿的翡翠在概念上比较容易理解，就是色彩处于浅淡与浓深之间的色调，这种色彩显然具有中性的特征，就是在浓淡程度上不是太浓也不是太淡。从色彩的稳定程度上看多数比较稳定，浓淡深浅程度不一者常见，但真正超出较浅宝石绿范畴的情况几乎没有。由此可见，较浅宝石绿翡翠在色彩上已经较为成熟，完全是以一种独立的色彩出现。但同时较浅宝石绿单独存在的情况不是很多，常常是和浓深、浅淡等共同出现在一件翡翠之上，从具体色彩上看，较浅宝石绿的翡翠色彩变化非常丰富，同一面的不同部分会有变化，但这种变化被实践证明相当的微小，甚至不仔细观察，都不易被察觉。另外，从不同的侧面观测，较浅宝石绿在具体色彩上表现更为不同，变化的幅度比较大，基本上较浅宝石绿的翡翠色彩面就是一个微观变化的世界。从时代上看，较浅宝石绿的翡翠在时代特征上比较复杂，清代、民国、当代都有见，而且从数量上看，各个时代表现的较为均衡，鉴定时我们要注意分辨。

　　（3）浅淡。浅淡宝石绿的翡翠经常有见，清代、民国、当代都有出现，从总量上看有一定的量。从概念上看，浅淡宝石绿比较容易理解，就是宝石绿在浓淡程度上比较淡，在色阶上比较浅。从稳定程度上看，浅淡宝石绿的翡翠在稳定程度上比较好，虽然发生浓淡深浅不一的色调，但在色彩上都未突破宝石绿的范畴，从这一点上我们可以看到浅淡宝石绿在色彩上已经比较稳定，但很少独立存在，多是与浓深、较浅融合在一起。从具体色彩上看，不同的浅淡宝石绿在色彩上特点不同，主要是浅淡的程度不断变化。通过诸多的实物观测，在同一面上浅淡宝石绿的变化比较小，不易觉察，而在不同的面上，或者是不同的个体上浅淡宝石绿变化比较大，由此可见，浅淡宝石绿无论是在同一首饰上还是不同首饰上都会给人以强烈的浓淡程度的对比。从时代特征上看，不同时代浅淡宝石绿的翡翠基本上都有见，在数量上表现出了较为均衡的特征。

翡翠竹节纹挂件·清代

翡翠挂件·清代

翡翠蝴蝶挂件·清代

光泽。宝石绿的翡翠在光泽特征上比较明显。从属性上看，宝石绿的翡翠无论是哪一个色彩阶段，其所表现出的光泽显然都属于非金属光泽，而且是玻璃光泽。对于宝石绿翡翠而言，由于色彩内部浓淡变化大，所以表现出的更多的是淡雅，光泽鲜亮程度上没有祖母绿光亮，但油性光泽感比较强烈，这样给人们的感觉非常之好。从明暗上看，宝石绿的翡翠色彩面在受光的情况下，明暗分明，在亮度上统一表现出的是沉静淡雅，而并非像玻璃艳绿那样反射出耀眼的光芒，这一点显然是宝石绿翡翠的优势所在。

精致程度。从精致程度上看宝石绿的翡翠特征鲜明，以精致、普通者为主，但在总量上显然是以精致器物为主。

翡翠吊坠·清代

翡翠挂件·清代

三、豆青绿

数量。豆青绿的翡翠经常可以看到，数量很多，老坑种和新坑种都有见。从件数特征上看，清代和民国传世下来的豆青绿特别多，从总量上看，豆青绿的翡翠总量十分丰富，是最为常见的翡翠色彩之一。

时代。豆青绿的翡翠在时代特征上较为明显，清代、民国、当代大量出现，且在比例上不是很均衡，但在数量上无疑是以当代为最多。当代开采能力增强，可以说其总量比清代和民国之和还要多，因为豆青绿翡翠的出现毕竟不是偶然的现象，而是"十青九豆"。

概念。豆青绿的翡翠在色彩上还是比较稳定，但明显有串色和偏色的现象，色彩不是很正，并不是最为成熟的色彩，但显然豆青绿也是视觉的概念，以视觉为判断标准。在浓淡深浅上的变化常见，浓深、较浅、浅淡的色彩都有见，在色彩上衍生色彩比较多，但并未能突破浓深豆青绿的范畴。

翡翠挂件·清代

豆种飘花翡翠碗（三维复原色彩图）

翡翠珠子

（1）浓深。浓深豆青绿的翡翠时常有见，但通常在同一翡翠之上还存在着较浅和浅淡的情况，而且对于豆青绿的色彩来讲，浓深的部分所占比例比较少，而主要是以浅淡和较浅为主流。从时代上看，浓深豆青绿的翡翠在时代特征上不是很明显，各个历史时期都有见，而且在数量上基本呈现出均衡的状态。从精致程度上看，浓深豆青绿的翡翠特征比较明显，可以说精致、普通、粗糙的翡翠都有见。

（2）较浅。较浅豆青绿的翡翠在概念上比较容易理解，就是色彩处于浅淡与浓深之间，这种色彩显然具有中性的特征，即在浓淡程度上不是太浓也不是太淡，从色彩的稳定程度上看多数比较稳定，只是浓淡深浅程度不一者常见，但真正超出较浅豆青绿范畴的很少见。从具体色彩上看，较浅豆青绿的翡翠在具体的色彩变化上可以说非常丰富，同一面的不同部分会有变化，但这种变化被实践证明比较微小，甚至不易被察觉。另外在不同的侧面较浅豆青绿在具体色彩上表现更为不同，变化的幅度比较大，从具体色彩上看，较浅豆青绿的翡翠色彩面就是一个微观变化的世界。另外，较浅的豆青绿翡翠独立存在的情况很少见，主要是与浅淡豆青绿融合在一起形成色彩，鉴定时应注意分辨。

翡翠带绿珠（三维复原色彩图）　　翡翠平安扣　　　　　　　翡翠珠子

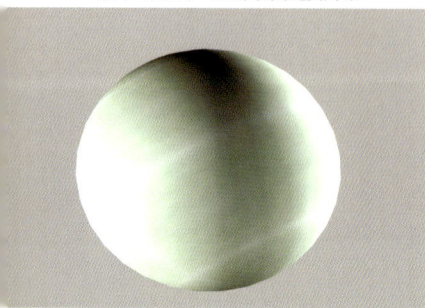

翡翠豆种飘花葫芦

（3）浅淡。浅淡豆青绿的翡翠经常有见，从数量上看，清代、民国、当代都常出现，数量很多，传世品当中和当地市场上最为常见。从概念上看，浅淡豆青绿比较容易理解，就是豆青绿在浓淡程度上比较淡，在色阶上比较浅。从稳定程度上看，浅淡豆青绿的翡翠稳定性比较好，虽然发生各种各样浓淡深浅不一的色调，但都在豆青绿色彩的范畴之内。从存在的形态上看，浅淡豆青绿的翡翠主要与较浅和少量的浓深豆青绿色彩融合在一起，共同存在于一件翡翠作品之上。如翡翠镯子上表现的比较明显，从具体色彩上看，不同的浅淡豆青绿在色彩上特点不同，主要是不断地变化着浅淡的程度。

仿翡翠镂空饰

清代翡翠挂件

翡翠珠子

翡翠镯子〔三维复原色彩图〕·清代

光泽。豆青绿在光泽上以玻璃光泽为显著特征，从属性上看，豆青绿的翡翠无论是哪一个色彩阶段，其所表现出的光泽显然同时属于非金属的玻璃光泽。从明暗上看，豆青绿的翡翠色彩面在受光的情况下，有明暗层次的特点，在亮度上一部分表现出的是沉静淡雅，而另外一部分反射出的是耀眼的光芒，非常漂亮，可谓是精美绝伦，巧夺天工，鉴定时我们要多体会这些光泽特征。

精致程度。豆青绿的翡翠在精致程度上不是很明显，从总体上来看精致、普通、粗糙的瓷器都有见，而且在比例关系上较具均衡性，纯粹从数量上看，以当代为最常见。

翡翠平安扣

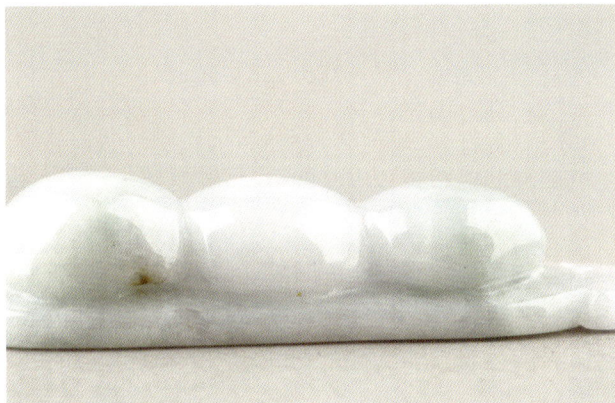

翡翠紫罗兰四季豆

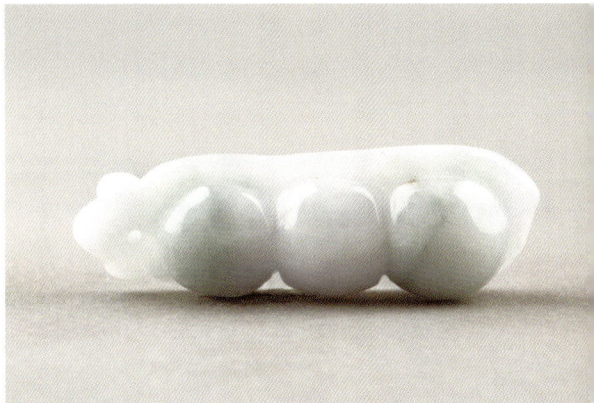

紫罗兰四季豆

四、紫罗兰

数量。紫罗兰色的翡翠在数量上十分丰富，清代和民国时期都有见，当代更是比较常见，特别是当代，紫罗兰色的翡翠成为翡翠中数量最多的色调之一。

时代。紫罗兰色的翡翠在时代特征上比较明确，虽然清代和民国时期也有见，但数量并不多，主要以当代最为常见。这与当代开采能力的增强，以及当代翡翠在色彩上应用越来越广有关。因为在清代民国时期绿色几乎是占据统治地位，有些排斥其他色彩，但当代翡翠则没有这种狭隘的观念，而是在继承绿色的同时，其他如紫罗兰的色彩都是迅猛发展，不断受到人们的青睐，鉴定时应注意分辨。

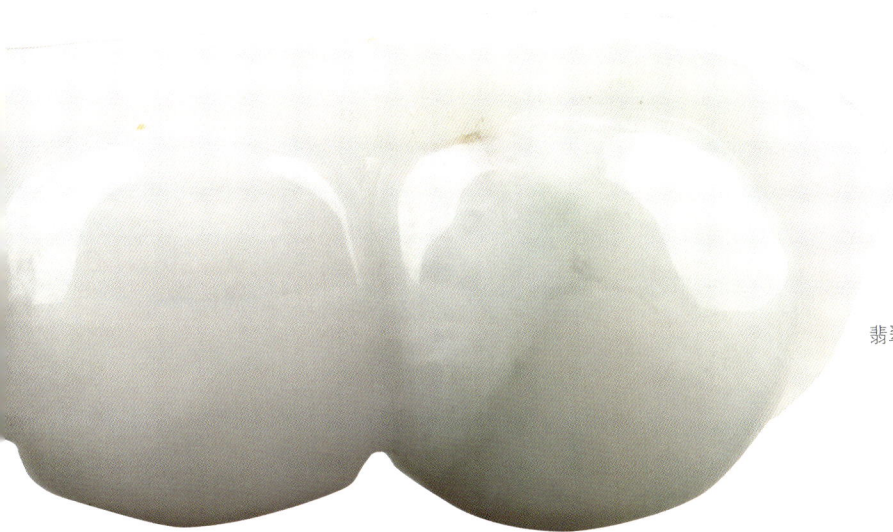

翡翠紫罗兰四季豆

翡翠紫罗兰观音

概念。紫罗兰色的翡翠器在概念上比较清晰，就是用视觉看如同紫罗兰的色彩，但从整体色彩上看，似乎是较浅的紫罗兰色彩在逐渐变浅的同时自然演化成为紫罗兰色，紫罗兰色是翡翠重要的色调之一。从稳定性上看，紫罗兰色不是很稳定，色彩分化成紫红、粉紫等，显然已经具有了独立性，以一种完美姿态登上了历史舞台，由此可见，翡翠紫罗兰色是多变的，"紫罗兰色无双"。从具体色调上看，紫罗兰色同样可以根据其浓淡深浅的程度将其划分为，色调较浅，浅淡等两个大的基本的态势，而且在数量上基本呈现出均衡的状态。从个体上看，不同的紫罗兰色的翡翠器皿之间在色调上是不同的，可以说没有相同的器皿，紫罗兰色无论是深或是浅，在色彩上都有差别，只是差别大小上的异同，通过一些实物观测，我们发现对于紫罗兰色的翡翠个体之间的差异有的还是比较大，即使在同一件器皿之上也有差异，但无论怎样，这些个体上紫罗兰色的差异都不会超出紫罗兰色大的色彩范围。真正的翡翠在色彩上是比较成熟的，这一点不论在种色俱佳，还是普通的情况下都是这样。下面我们来看翡翠紫罗兰色在色调上的三种状态。

翡翠紫罗兰观音

（1）较浅。较浅紫罗兰色的翡翠在概念上比较容易理解，就是比浅淡紫罗兰色翡翠在色调上要深，比浓深紫罗兰色翡翠要浅的色调，这一色调实际上比较容易判断，从稳定性上看，有一定的稳定性，逐渐形成了一个色彩阶段，虽然有着各种浓淡深浅色彩的不一性，但这些变化都是很微小的，都未超出较浅紫罗兰色的色彩范畴。从具体色彩上看，较浅紫罗兰色的翡翠主要体现其个性化的色彩，不同较浅紫罗兰色的翡翠之间存在着异同，同一件较浅紫罗兰色翡翠之上也存在着异同，这种异同或大或小，形式多样，体现了翡翠是真正的百变之王。从通透性上看，翡翠较浅紫罗兰色的表面显然失去了一些通透性，这一点十分明确，虽然色彩较浅，但在其通透性上我们看不到比浓深紫罗兰色有任何优势，而翡翠正是利用这种透明度不是很好的感觉使人们感受到另一种极限的美。从时代上看，较浅紫罗兰色的翡翠时代特征鲜明，不同历史时期都存在着数量较多的较浅紫罗兰色翡翠，从数量上看具有均衡性的特征。从精致程度上看，较浅紫罗兰色的翡翠特征明晰，精致、普通、粗糙的翡翠都有见，精致翡翠，主要以当代为主，在当代的主流市场上发现了诸多的精致翡翠，但在清代和民国时期这种精致翡翠实际上已经不能维系，因为主要是以绿色为主。从普通翡翠来看，较浅紫罗兰色中普通的翡翠常见，从数量上看显然是主流，但对于普通翡翠而言，当代较浅紫罗兰色的数量应该是比过去要少。从粗糙翡翠上来看，粗糙的较浅紫罗兰色翡翠在当代很少，但清代和民国时期有见，总之，还是不太重视的缘故。

翡翠紫罗兰观音

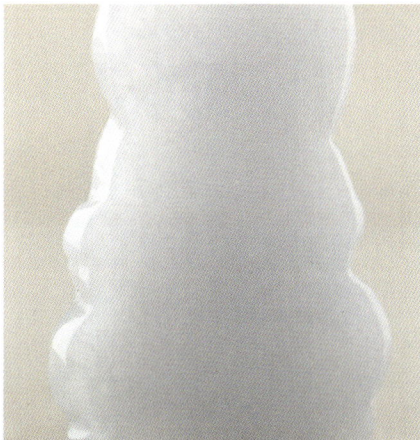
翡翠紫罗兰观音（侧面）

翡翠紫罗兰观音（背面）

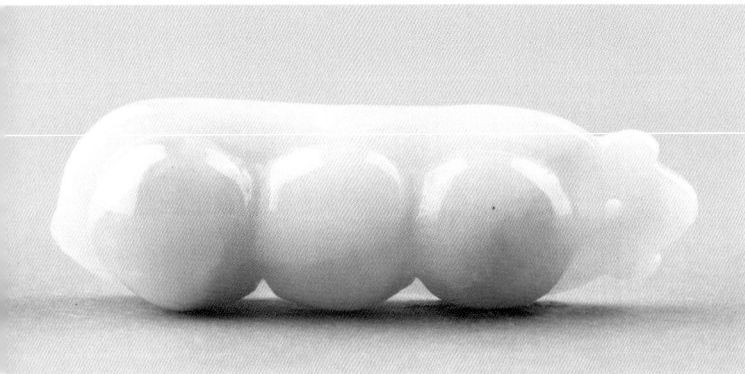

翡翠紫罗兰四季豆

（2）浅淡。浅淡紫罗兰色的翡翠时常有见，但主要以民间为主，清宫内很少收藏这一类翡翠，在时代上以当代为主，数量比较多。从概念上看，浅淡紫罗兰色的翡翠在概念上比较容易理解，其最主要的特征有两个，一是紫罗兰色彩中最浅的色调，二是最淡的色，实际上这一概念显然是视觉意义上的，因为看起来往往是浅淡相随，但实际上翡翠紫罗兰色浅淡的色彩从横截面上看并非独立存在的，而是多和较浅紫罗兰色融合在一起，所以只是我们在视觉上的判断。由于色彩比较浅的紫罗兰色的翡翠还要浅，所以在色彩上明显有淡的视觉错觉，这是正常的。因为对于翡翠来讲，就是一种通过色彩的变化而使人产生错觉的艺术，所以浅淡紫罗兰色的翡翠在表面上有较淡的感觉也不足为怪。从具体色彩上看，浅淡紫罗兰色的区别甚大，不同的翡翠在浓淡深浅上的色彩不同，就是同一件翡翠的表面之上浅淡紫罗兰色的情况也多有不同。但有一个原则就是，浅淡紫罗兰色是翡翠较为成熟的色调之一，无论怎样浅淡紫罗兰色在个体色调上的变化只是浓淡深浅不一，而不会突破色彩，比如说偏色偏到黄翡上去等等，这一点我们在鉴定时要注意分辨。

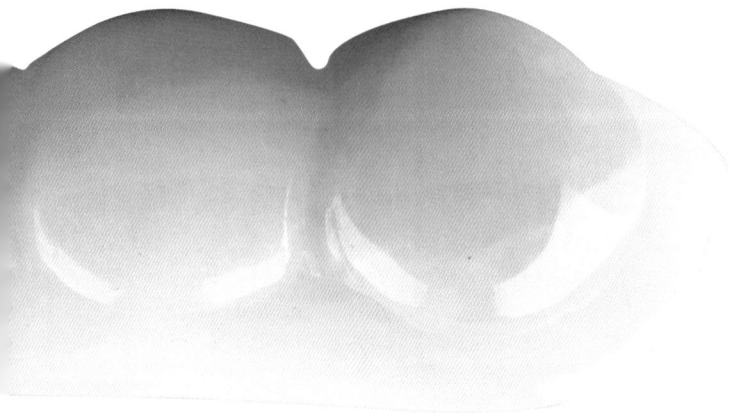

翡翠紫罗兰四季豆

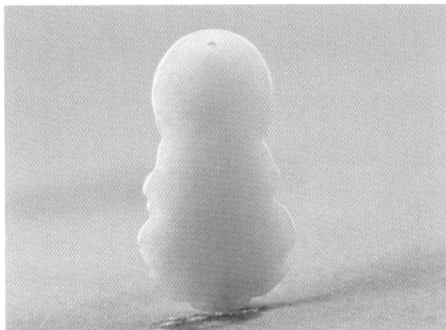
翡翠紫罗兰观音

翡翠紫罗兰观音

　　光泽。紫罗兰色的翡翠在光泽上特征较为复杂，从油性光泽上看，多数翡翠看起来都有较为明显的油性光泽，就像是肥厚脂肉一样，光泽滋润。从均匀程度上看，紫罗兰色的翡翠在光泽的均匀程度上比较好，但由于其浓淡深浅不一，所以有时紫罗兰色受光后在光泽程度上显然有不一致的地方，不过这种不一致不明显，如果我们不仔细去深究可能都不会发现。从明暗上看，紫罗兰色的翡翠在色彩上常常表现出受光不匀的现象，实际上这不是太阳光照射不匀，而是紫罗兰色在明暗程度上有不同的反映。色调深的地方暗，而色调浅的地方，在光线照射的情况下自然就亮，器物背光的地方所接受的光线少，自然光泽度就暗，而直接受光的地方，往往光泽度比较高，因为多数会出现反光，光线越强反光也就越厉害。在受光部分和背光面结合的地方又称为明暗交接处，此处的光线在明暗上与其他地方又有区别，而这些都是紫罗兰色的翡翠常见到的现象，我们在鉴定时要注意其在光泽上的明暗关系。由此可见，翡翠在光泽上比较复杂，因为我们在鉴定时所牵涉的是不同光线下的紫罗兰色，而不是在一个光泽之下的紫罗兰色翡翠，这些都需要我们在实践中慢慢体会。总之，翡翠在光泽上纯净典雅，美不胜收。

　　精致程度。紫罗兰色的翡翠在精致程度上特征很明确，精致、普通和粗糙的翡翠都有见，从精致器皿上看，当代紫罗兰色翡翠中精致占比较多，鉴定时我们要注意分辨翡翠。

翡翠紫罗兰观音

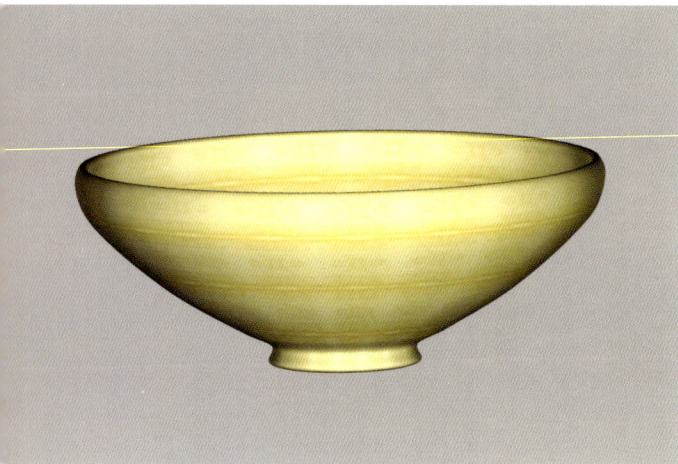
翡翠碗（三维复原色彩图）

翡翠手串

五、黄 色

数量。黄色的翡翠也是较为常见，清代、民国、当代都有见，特别是当代市场上到处都是，数量比较多，为翡翠中的基本色调之一。

时代。黄色的翡翠在时代上特征较为明显，贯穿于翡翠的始终，各个历史时期基本上都有见，从比例上看，各个时代呈现出均衡发展的态势。从绝对数量上看，黄色的翡翠虽然各个历史时期都比较多，但相比较而言，以当代最为常见。

翡翠珠子

　　概念。翡翠黄色在概念上比较明确，就是
翡翠由于受到褐铁矿的侵染所导致，由于侵
染程度的不同呈现出不同的色彩，如较为
纯正的黄色、棕黄色、淡棕色、黄褐色、
黄色飘绿、橘黄等，但真正较为纯正的黄色
并不太多，主要是以色彩的相互融合进而形
成了较为固定的黄色为主。从透明度上看，
黄翡的水并不好，起码多数是这样的，在通透

翡翠戒指

性上有一定的问题，里面是浑浊的，里面看起来总像是有黄色的雾
气笼罩，具有朦胧感。从色彩稳定性上看，黄色的翡翠在色彩上非
常稳定，只是浓淡深浅不一，但这并不影响人们对于黄翡的认知，
因为深浅不一并没有改变黄翡的色彩性质。从具体的色彩上看，虽
然翡翠黄色在色彩上比较稳定，但具体而言，却是几乎每一件不用
仔细观察就可以看到不同，而且这种差异在视觉上比较明显，足以
观测出来，由此也印证了传说中的"翡翠无双"这一概念。这并不
奇怪，不光是黄翡，任何翡翠就如同世界上不同的人一样，相像但
毕竟不同，关键是要看它们不同的主流趋向。通过众多的实物观测
我们可以看到翡翠如此众多黄色的具体色彩，而这些色彩在工匠们
巧妙的设计构思下被雕刻出来，被人们赋予了各种各样的思想内涵，
反映着人们的喜怒哀乐，五味杂陈的生活，以及人们对于美好生活
的憧憬。从色彩浓淡程度上看，黄色的翡翠在色彩上明显可以划分
为三个阶段，即浓深、较浅、浅淡，而且从数量和比例关系上看，
基本上呈现出的是均衡性的特征，我们在鉴定时要注意分辨，下面
就让我们具体来看一下。

翡翠执壶（三维复原色彩图）

翡翠手串

黄翡鱼

翡翠戒指

翡翠珠子

　　（1）浓深。浓深色彩的黄色比较常见，也很容易理解，其在色彩上多有褐的存在，黄色与褐的结合在色彩上显示出深沉，在光泽上黯淡。从色彩上看明显具有稳定性的特征，而且可以看出虽然是深沉色彩，但工匠似乎能够很轻易地控制黄色在整体上的浓深程度。因为一般情况下浓深的黄翡并不是通体都是浓深的，而只是一件作品的一部分是浓深的，也就是和较浅或者是浅淡的黄色经常是融合在一起。很简单的一个例子，我们看到很多浓深黄色的翡翠器皿，都是内外壁不一致的情况，如翡翠把件在一侧是较为稳定的浓深黄色，但其另外一侧却是浅淡或者是较浅的黄色，这种情况很常见，由此可见，浓深黄色显然是可控的。但也有内外壁在色彩上都为浓深黄色的情况，总之具体情况是千差万别，但我们只要知道这些色彩是这样形成的，把握住其本质特征就可以了。从数量上看，有浓深黄色色彩的翡翠数量非常之多。从时代特征上看，有浓深黄色的翡翠器并无过于规律化的特征，各个时代都有见，但以当代开发最多。从精致程度上看，浓深黄色的翡翠特征很明显，即精致、普通、粗糙的翡翠都有见，从主流特征上看主要应该是以普通为主，特别是从数量上看也是这样，我们在鉴定时要注意分辨。

翡翠手串

翡翠珠子

  （2）较浅。较浅黄色的翡翠常见，也是常常与浓深、浅淡融合在一起存在，从总量上看规模比较大，与浓深黄色在数量上基本相当。从概念上看，翡翠较浅黄色很好理解，就是指色彩在深浅程度上处于浓深和浅淡之间，虽说是处于中性，但在色彩对比上显然是偏向浅色，所以我们将其称之为较浅的黄色。从稳定性上看，较浅黄色在色调上不是很稳定，串色的情况多见，但我们可以看到一旦色彩形成就比较稳定了，不容易掉色等，这主要是由于翡翠内部结构比较致密，由此可见，较浅黄色在色彩上已经是较为成熟。但从具体的个体色彩上看，较浅黄色的翡翠依然是多变的，就如同浮云变化多端，然而这种变化多是继续着深浅不一的色调，它们都不会超出较浅黄色的范畴。从时代上看，较浅黄色在时代特征上并不具体，清代、民国、当代基本上都有见，在比例上相对比较均衡。从精致程度上看，较浅黄色的翡翠在精致程度上并无过于规律化的特征，精致、普通和粗糙者均有见，但其主流特征显然是普通的翡翠。

翡翠戒指   翡翠戒指

　　（3）浅淡。浅淡的黄翡从总量上看规模庞大，由于颗粒比较粗，有的时候粗细不一，会有黄雾感，但从整体上来看，基本上与较浅和浓深黄色的翡翠形成了三足鼎立的局面，而且常常是在一件器物之上存在。浅淡黄色的翡翠在特征上非常明确，就是黄色在色彩上较为浅淡，这种浅淡是比较明显的，使人看起来有醒目的感觉。从稳定性上看，浅淡的黄色也有深浅浓淡程度的变化，可以说每一件浅淡黄色在色彩上都有差异，不管这种差异是大还是小，变化都是微弱的，显然都未超出浅淡黄色的范畴。从时代上看，浅淡黄色的翡翠在时代上特征鲜明，清代、民国都有见，而且从比例上看较为均衡，绝对数量上，以当代为多。从精致程度上看，浅淡黄色的翡翠在精致程度上特征很明显，精致、普通、粗糙者都有见，数量上主要以普通翡翠为主，精致和粗糙的翡翠制品都比较少见。

　　光泽。黄色的翡翠光泽不是很好，不光亮，更达不到艳丽的程度，但光泽淡雅。从光泽类别上看，黄色翡翠表面发出的显然是非金属的光泽，由于颗粒不是很细，加之有褐色等多数细微色彩的阻挡，黄雾状的色彩显然削弱了光通过翡翠的程度。从油性光泽上看，在翡翠黄色的翠体之上有强烈的油脂性光泽，而且这一点比较容易感觉到。从明暗上看，翡翠黄色的光泽在明暗色彩上的对比比较强烈，同一件翡翠之上，有的地方看起来较黯淡，有地方看起来色彩较强，明暗对比强烈，由此可见其变化之丰富。总之，在现实中的情况比较复杂，有的翡翠是内外明暗，有的是内外壁有多种明暗色彩上的变化。而这种忽明忽暗也成为了翡翠在表现手法上的重要手段，我们在鉴定时要注意体会。

翡翠珠子

黄翡鱼

翡翠戒指

黄翡鱼

　　精致程度。黄翡在精致程度上并不复杂，精致、普通、粗糙的翡翠都有见。从精致翡翠上看，当代精致翡翠显然比例最大，清代、民国并不是太重视黄翡，看来黄翡是处于一个上升发展的过程。从普通翡翠上看，绝大多数黄色的翡翠都是普通翡翠，无论哪一个时代都是这样。从粗糙翡翠上看，当代有见，这与黄翡的种水都不太好有关，很多人是将其作为很普通的翡翠在制作雕件，所以心不在焉的情况有见。但我们可以看到人们对于黄翡的热情似乎是越来越高了，这一点从市场上琳琅满目的商品就可以看到。

翡翠珠子

翡翠戒指

翡翠珠子

翡翠飘蓝墨花如意

六、墨　色

　　数量。墨色的翡翠在数量上很丰富，实际上清代和民国时期墨色的翡翠比较少见，当代墨色翡翠比较常见，这可能是由于人们的审美情趣发生了变化，但数量上和绿色翡翠相比当然还是属于少数的，鉴定时应注意分辨。

　　时代。墨色的翡翠在时代特征上较为明显，清代和民国时期几乎不见，这是人们对其不欣赏，当时主要是以绿色为重。但是随着时代的进步人们逐渐接受并发展了墨色的翡翠，开始的时候，墨色翡翠主要是用于制作一些特有的器物造型，如钟馗等，来表述一种特殊的意境，但后来人们发现了墨翠的深邃性，墨色多变的色彩特征，以及墨色相对于视觉的稳定性，所以在当代墨翠逐渐发展起来，并不属于一种低档的产品。

翡翠镯子（三维复原色彩图）

翡翠飘蓝墨花如意

　　概念。翡翠墨色在概念上比较容易理解，就是像墨水一样的色彩，但只有远观是这样，如果用强光手电照射墨翠，我们会发现实际上是较深的绿色，这才是其本质色彩。但从稳定性上看，墨色的翡翠在色彩上呈现出的只是一定的稳定性，有时会偏向蓝色，也就是用强光手电看是很浓的蓝绿色，但色彩一旦形成还是具有相当程度的稳定性。从色调上看，墨色比较多变，主要指的是浓淡程度深浅不一，通常情况下其在色调上也能分出浓深、较浅两种，浓淡程度往往是在一种翡翠上体现出来。但我们要明白无论是怎样深浅不一的色调终究还是色调，几乎都不能超越色彩的范畴，比如说串色等，虽然有发生，但总体上十分微弱，并不影响其色彩的成熟度。从个体上看，不同的墨色翡翠在色彩上不同，几乎没有相同的两件墨色翡翠个体，这一点很清楚。但通常情况下我们看到的墨色翡翠多是在浓淡程度上的差异，同一面在深浅程度上也有差异，不过是这种不同表现的比较弱化，甚至我们很难觉察出来。

翡翠手串

翡翠飘蓝墨花如意

　　光泽。

墨 色 翡 翠 在

光泽上特征比较明确，显然属非金属的光泽，
但同时属于玻璃质感的光泽，比较润泽，在光线的照射下反光较为弱
化，整个器物淡雅柔和，但这并不是黯淡，与黑色翡翠有着本质的区
别，有一些墨色的翡翠，实际上在光亮程度上还可以，加之种也比较
好，那么还是不错的料子。从油脂感上看，墨色的翡翠上有油腻的感
觉，这一点通过视觉看已经很清楚，因为油性感使墨色脱离了冰冷的
矿物质世界，而具有了生命体才具有的油脂的光泽，所以人们一般情
况下都热衷于这种质感，这也是墨色翡翠能够在当代获得人们青睐的
主要原因。从质感上看，墨色的翡翠质感强烈，首先外看黑，内看绿，
这种诧异感本身就是一种质感，再者墨色这种较为深邃的色彩，在光
照下不是熠熠生辉，而是在均匀程度上多了一些光线的不同反射点，
凸凹不平，但巧夺天工。从明暗效果上看，墨色的翡翠在明暗效果上
特征明确，由于不是纯黑色，所以受光面的情况是比较复杂，明暗效
果突出，如果光线过强也会反射出耀眼的光芒。例如我们在用太阳灯
照射拍照的时候，即使墨色的翡翠在受光面也会毫不犹豫呈现出反射
光斑，这一点是显而易见，但如果我们在一般的室外来观测时，墨色
的翡翠光芒则会减弱，基本上可以弱到没有反光斑点的程度，这一点
我们在鉴定时要注意观察。

　　精致程度。墨色的翡翠在精致程度上特征较为复杂，精致的翡翠
有见，普通和粗糙的翡翠也有见，从总量上看主要是以精致翡翠为主，
粗糙的翡翠比较少见。从精致翡翠上看，以当代最为常见，可见当代
人们对于墨色翡翠表现出了浓厚的兴趣。

翡翠珠子

七、油 青

数量。油青的翡翠最为常见，市场上比较多，数十件、几百件的情况都有见，批发市场上多数是这样的翡翠，为翡翠中的基本色调之一。

时代。翡翠油青色在时代特征上不明显，贯穿于翡翠的始终，清代、民国、当代都有见，而且在数量上都是占据着主流地位，由此可见，油青的确在各个时代都比较流行。但如果从比例上看，当代最多。

概念。油青色彩比较容易理解，顾名思义就是像冬瓜皮等一样的色彩，呈现出灰蓝色，青中有绿，油性感较好，但这种油青水往往不太好，而一干的话就显得死板，生气不足，再加之色彩也不是很纯，深浅浓淡层次不一，失透感，有杂质等特点，因此油青并不属于高档翡翠，唯一的优势就是数量多，色彩变化丰富。从稳定性上看，虽然油青色彩浓淡深浅层次不一，但从宏观上看，油青在色彩上具有一定稳定性。而从微观上看，油青在色彩上又是变化的，可以说几乎每一件油青都是相互有差异的，下面我们具体来看一下油青在色彩上的浓淡程度。

翡翠珠子

翡翠珠子

翡翠珠子

翡翠珠子

（1）浓深。浓深显然是油青中的重要色调之一，色彩异常的深沉，有灰暗的感觉，但在整体性之中常见深浅浓淡的不一性，而且这种不一性显得均匀，有时也会轻微出现一些其他色调，如灰蓝等色，若隐若现。从存在形式上看，油青深沉的色调在翡翠之上比较多见，不仅在不同的翡翠之上存在，而且在同一件翡翠之上，既有见浓深色彩，同时也有较浅和浅淡色彩的出现。

（2）较浅。较浅油青的翡翠在特征上比较容易理解，就是比浓深要浅，但比浅淡要深的色彩，具有二者色彩中性的性质。较浅油青的翡翠在色彩上显然具有宏观的稳定性，但从微观上看，任何油青在色彩上也不可能是纯色，因为其是自然之物，而且有的颗粒比较粗大，仔细看较浅的油青翡翠表面也是深浅交替存在的浓淡不一，使人看起来心旷神怡，由此可见，较浅油青已经成为油青翡翠的一个重要色彩类别。从数量上看更加佐证了这一点，各个时代都有见这种在色彩上较浅的油青翡翠，当代市场上更是常见。

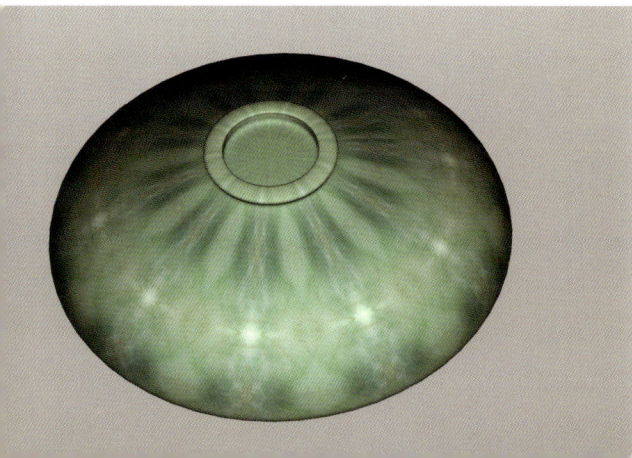

翡翠碗（三维复原色彩图）·清代

翡翠豆种竹节

翡翠观音   翡翠观音

　　（3）浅淡。浅淡的油青色在翡翠中有见，从总量上看，数量比较大，与油青在色彩上的浓深和较浅呈现出三足鼎立的格局，但大多都在同一件器物之上表现，由此可见融合之复杂。但浅淡的油青并不具体，它是一个宏观上的概念，如果从微观上来看，浅淡的油青同样存在着色彩浓淡深浅不一的情况，不过整体给人的感觉是较为浅淡。从稳定性上看，浅淡油青在视觉效果上十分稳定，与油青较浅、浓深的区别比较大，无论从数量还是从特征上显然都已经形成了一种较为独立的色彩类别。

　　光泽。翡翠油青在光泽上显然属非金属的玻璃光泽，但是由于里面太复杂，所以光透过油青翡翠的感觉是灰暗的，不鲜艳，给人以深沉之感。从均匀性上看，油青在光泽上较为均匀，没有忽明忽暗，坑洼不平感。从油性感上看，翡翠油青在油性感上很强，手感也是光滑，人们的视觉和手感在这里融汇在了一起，也是十分惬意的事情，总之，翡翠油青色在光泽上显然已经比较稳定。

　　精致程度。油青的翡翠在精致程度上特征明确，油青所对应的翡翠中，精致器皿数量很少，基本上是以普通和粗糙为主。从时代上看，没有过于明显的时代特征，鉴定时应注意分辨。

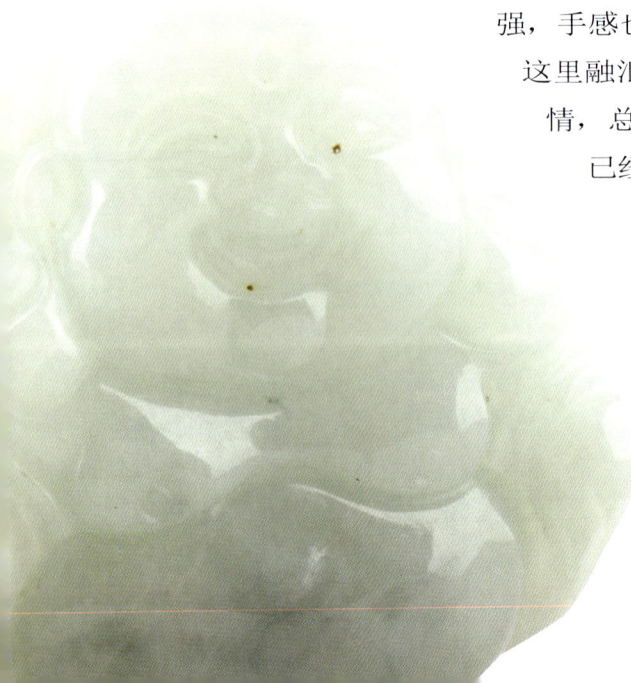

翡翠弥勒佛

第一节　特征鉴定

翡翠马鞍戒指 · 清代

一、出土位置

　　翡翠主要以传世品为主，墓葬和遗址出土的情况非常少，但有见墓葬出土。我们来看一则苏州盘门清代墓葬发掘的实例，清代翡翠挂件，M4:3，"椭圆形"（苏州博物馆, 2003），在出土位置上基本是生前佩戴，死后随葬的实用器，但像这样的实例翡翠难找，因为出土数量及墓葬真的是太少了。其原因主要与原料难得有关，再者与流行的时间有关，翡翠的流行时间是在清代中期以后，而且是在上层社会，如乾隆皇帝喜欢，以及后来在慈禧太后的大力推动下，翡翠才得以在中国盛行，而当时人们还没有形成用翡翠来随葬的习惯。民国时期基本延续清代，当代不存在出土位置的特征。由此可见，清代、民国时期翡翠出土位置特征不明显，但事实上在这两个时代里翡翠都相当流行，翡翠是有一定总量的，而这样看来翡翠主要是以传世品为主。

翡翠翠花 · 清代

翡翠挂件 · 清代

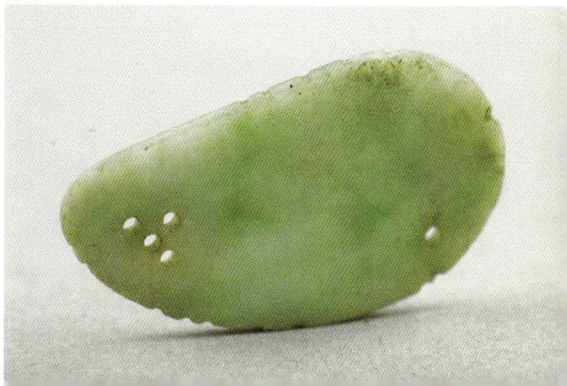

二、件数特征

　　翡翠在件数上的特征对于鉴定而言十分重要，可以反映出翡翠在各个时代流行的程度，为鉴定提供概率性的支持。下面我们具体来看一下件数特征：

1. 清代翡翠

　　翡翠虽然流行得晚，在清代中期才开始流行，但是流行的速度很快，其速度和广度都是罕见的，在当时无论是宫廷还是民间都非常喜欢翡翠制品。我们来看两则实例，

翡翠弥勒佛

一则是清宫藏翡翠，"翠玉烟壶，共五件"（杨伯达，2006），在件数特征上清宫藏翡翠数量相当庞大，仅翡翠鼻烟壶就有很多。我们再来看苏州盘门清代墓葬出土的例子，"翡翠扳指1件""清代翡翠挂件1件""鼻烟壶盖1件""4粒翡翠佛头"（苏州博物馆，2003），由此可见，虽然清代随葬翡翠的墓葬不多，但是一旦有翡翠出现，单座墓葬随葬的数量也都是比较多的。当然从学术研究的角度，我们需要像以上这样确切的证据，如果仅仅从传世品的数量上来看，我们可以清晰地看到清代翡翠在数量上的庞大，因为从国有的文物商店、古玩市场以及拍卖市场上都可以经常看到清代翡翠的身影，这足以证明清代翡翠的数量，鉴定时应注意分辨。

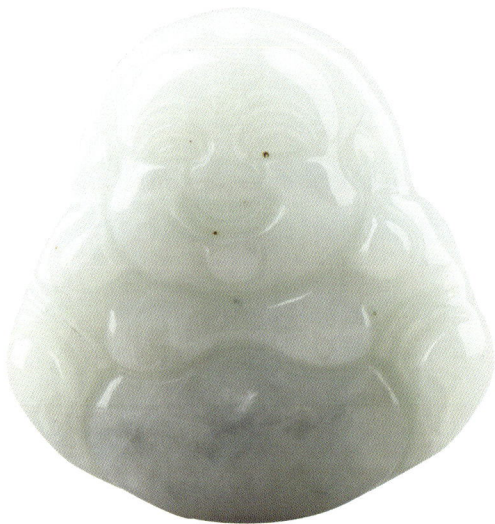

翡翠花卉纹挂件·清代

翡翠挂件·清代

翡翠吊坠·清代

翡翠挂件·清代

翡翠带绿水滴

翡翠弥勒佛

2. 民国翡翠

民国翡翠在件数特征上基本延续前代，由于距离当代比较近，所以民国翡翠的数量比较多，很多人手里都有见，文物商店内也有很多。在 20 世纪 90 年代还有见成麻袋地卖，后来论斤称，但是现在是论件卖，不过从琳琅满目的民国翡翠小饰件上我们也可以看到其数量的丰富。

3. 当代翡翠

当代翡翠在件数特征上相当庞大，可以说是翡翠的数量达到了极致，用琳琅满目都不足以形容。在批发市场上我们可以看到成麻袋的翡翠雕件、翡翠珠子等，数量惊人。当然这些翡翠在品质上可能都属于普通质地，高档翡翠的数量还是很少的，这种情况的出现，主要是因为当代在开采能力上有了很大进步，缅甸翡翠大量地流入，另外，机械化的生产也使得翡翠的数量猛增，鉴定时应注意分辨。

翡翠蝴蝶挂件·清代

　　由上可见，翡翠在数量上无论是清代、民国，还是当代都是非常多，有些人可能会有疑问，因为清代和民国时期翡翠原料相当难得，并且当时人们的开采能力和运输能力都有限，怎么会有如此多的翡翠呢？其实奥秘就在于清代和民国翡翠有一个共同的特点，就是将器物制作的特别小，特别薄，当然大的也有，不过显然小和薄是趋势，因此在数量上就显得特别多。而我们当代则不同，是根据器物造型的需要来进行制作，既讲究巧工，也讲究大器，浑然天成，精美绝伦。

翡翠挂件·清代

三、完残特征

中国古代的翡翠制品在完残特征上比
较复杂，总体而言翡翠制品由于其硬度大
等特点，残缺的情况并不是特别严重，但
微小的残缺还是十分常见。特别是早期翡
翠完好者屈指可数，数量十分有限，很多
在拍卖行交易的早期翡翠依然是有瑕疵的，
我们在鉴定时应注意分辨。当代翡翠制品基本上
不存在残缺的情况，商品属性完好无损。但是有些情
况我们还是应该注意的，就是翡翠的硬度较大，相互磕
碰可能会造成碰伤。还有一种情况就是缺失，这种情况常见，特别
是一些串珠，一旦穿系的绳子断掉，就会散落一地。很多墓葬当中
的串珠不能复原，或者就地摔碎，因此要定期检查一下佩戴的绳子，
特别是穿系的地方是否有磨损。总之，不同时代的翡翠在完残特征
上并不一致，下面具体我们来看一下。

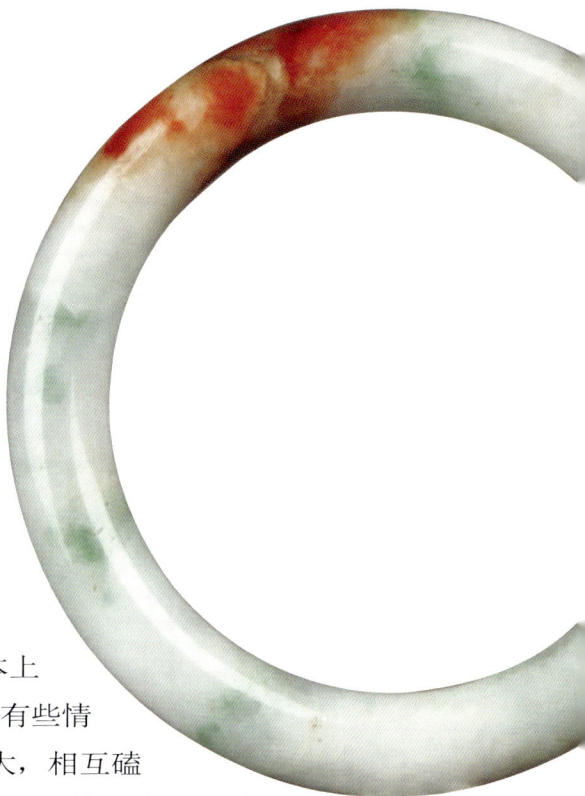

三色翡翠玉镯·清代

翡翠翠花·清代

翡翠挂件·清代

翡翠马鞍戒指·清代

1. 清代翡翠

清代时期的翡翠在完残特征上比较复杂，完整与残缺者都有见，我们来看一则实例，清代翡翠挂件，M4:3，"有一裂痕"（苏州博物馆，2003），由此可见，这件清代翡翠有比较明显的裂痕。这种情况其实很常见，我们经常可以看到一些很明显的残缺，特别是一些小薄片状的翡翠，容易折断，磕碰的情况也有见，总之，完整与残缺可以说是并存的。但总的来看，清代翡翠由于主要以传世品为主，翡翠在当时又比较珍贵，所以保存的比较好，有一些残缺显然也是可以理解的。不过犹如新器者也是频见，在拍卖会上我们经常可以见到。但串珠类拍品比较少见，这自然与时代久远，穿系的绳子撑不了多久等有关，从而使翡翠串珠散架，难以复原。

翡翠翠花·清代

翡翠挂件·清代

翡翠花卉纹挂件·清末民国

2. 民国翡翠

民国翡翠在完残特征上基本同清代相似，完整与残缺并存，可以看到有的饰件残缺一部分，有的是断裂、裂纹等，但也有见完好无损者，非常漂亮。从数量上看，民国翡翠完好的情况在数量上不及残缺者，有残的翡翠还是多见，其主要原因是传世品。但是这里就有疑问，传世品也不应该就有这么多损坏的情况啊，也许是微小的残缺、磕碰等情况，原因是这样的，清代及民国时期大量的翡翠实际上最后都集中到了国有的文物商店，因为在 20 世纪 50 ～ 80 年代，收购文物的地方主要是文物商店，没有像现在的文物市场，在集中的过程当中，由于当时的人认为它数量比较多，时代又近，没有太高的价值，一方面是卖的人随意扔这些翡翠，另外就是买方粗放式的保存，不像现在不管多小的翡翠件，都有一个独立盒子，而在当时就是放在大麻袋中，由于都是成品，来回翻江倒海几次就几乎都有品相上的磨损。所以当我们在购买清代、民国翡翠时不能过于强求其品相的完美性，因为可能没有你想象的那种完美，这是时代所决定的，我们在鉴定时应特别注意。

翡翠花卉纹挂件·清末民国

翡翠带绿水滴

翡翠葫芦

3. 当代翡翠

当代翡翠在完残特征上特别好，这与其商品的属性息息相关，因为商品在品相上讲究的就是最高级别。再好的当代翡翠，如果有残缺，那么显然价值就会一落千丈，或者即使一落千丈也没有人买，变成有价无市的标本，这是很有可能的事情，因为买翡翠的人所讲究的就是翡翠的完美。但是当代翡翠中并非没有残缺者，只不过是这种残缺更为隐蔽而已，如果不仔细观测，或者是不借助仪器观察，可能很难发现。如绺裂就是翡翠当中常见的一种缺陷，有的时候翡翠原石就有绺裂，工匠以为可以通过后期加工遮掩过去，但是失败了。

黄翡鱼

不过这种残缺都是十分细微的，有的肉眼看不到，所以有时这样的产品商家也会去出售，但在出售的时候不告诉你，这就需要仔细的观察，发现其中的玄机，不然买到后就很难说得清楚。

翡翠紫罗兰观音

翡翠观音

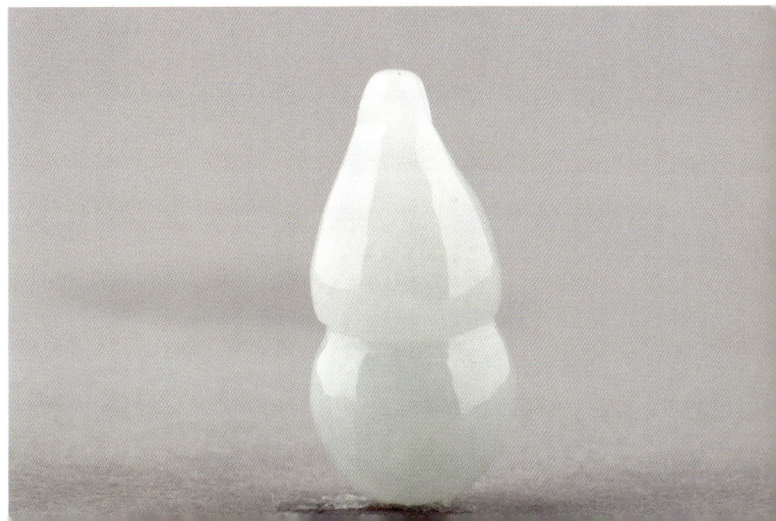

翡翠葫芦

第二节　工艺鉴定

一、组合器物

翡翠组合成器情况，在各个时期都有见，翡翠以各种方式与不同质地的器物组合成器，如翡翠同琥珀、玛瑙等组合多宝串，与金银珠玉等相互组，都十分常见。下面我们具体来看一下。

1. 清代翡翠

清代翡翠在组合器物上主要是以金、银、玉、琥珀等为主，不同质地的器物相互组合在一起成器，由此可见，都是一些在当时认为是比较珍贵的材质伴生在一起。我们随意来看一则实例，清代翡翠挂件，M4:3，"内心翡翠"，外部是 M4:3，"银质鎏金"（苏州博物馆，2003），该器物成功地将金、银、翡翠融合在了一起，可见其珍贵性。当然现在我们或许觉得这很正常，因为可能好的翡翠比金银更为贵重，但是在清代翡翠刚开始流行不久，民间翡翠能够将金、银等组合成器，这的确是不容易的事情，这说明翡翠在清代的确是上升速度最快的珠宝品类之一。

玻璃艳绿翡翠碗（三维复原色彩图）

仿翡翠平安扣

翡翠辣椒

2. 民国翡翠

民国翡翠与清代翡翠十分相似，基本是清代翡翠的延续。同众多的材质以不同的造型组合在一起，如金、银、鎏金、玛瑙、琥珀、和田玉等，器物造型以戒指的戒面、耳钉、串珠等为常见，组合方式简单与复杂并存，在市场上应注意分辨。

3. 当代翡翠

当代翡翠组合器物也十分常见，在延续传统的同时不断发展，真正大器组合的情况很少见，但多宝串很常见，翡翠与白金组合戒指、耳环，黄金与翡翠组合而成的吊坠，翡翠与银、珠宝等组合而成的器物，另外还有最简单的线绳与翡翠组合而成的饰品。但从数量上看，当代翡翠组合成器的情况有所减少，特别是近些年来更是这样，这与翡翠近些年上升的速度很快有关。现今，翡翠已经成为一种相当贵重的物品，显然已经不需要依靠其他质地的材料，来衬托自己的珍贵性，而是可以独立成器，鉴定时我们应引起注意。

翡翠豆种飘花葫芦

二、穿　孔

翡翠穿孔是实用价值的重要体现，在器物造型上有一定的限制，如串珠、吊坠、秋叶、帽饰、翠花、管、隔珠、挂件、项链等都有穿孔，以供穿系，满足实用的需要。不同时代的翡翠在传统特点上略有不同，下面让我们具体来看一下：

1. 清代翡翠

清代翡翠在穿孔特征上继续延续传统，我们来看一则实例，翠玉烟壶"中有一孔"（杨伯达，2006），实际上清代穿孔的特征与同时期的玉器几乎没有什么不同，多数是兼顾实用与装饰的双重功能。不仅是在穿孔的器物上多元化，如串珠、吊坠、秋叶、帽饰、翠花、管、隔珠、挂件、项链等都有见，而且在穿孔的部位上也是更加多样化。有的时候一个秋叶上都会打上很多孔，并不是特别讲究对称，穿孔有随意性和艺术化的趋势，这一点十分明确。当然穿孔数量的增多也与翡翠通常都比较薄有关，较薄的胎体使得打孔变得容易。从造型上看，翡翠穿孔的造型具有较为固定化的趋势，基本上以小孔为主，像针一样的小孔，有的比针小，因为在修复穿系时有的时候针是不能通过的，但有的工具可以通过。从规整程度上看，清代翡翠小孔基本上以圆形为主，不过由于是人工打孔，虽然圆孔很小，像针孔一样，但是依然有不规整的情况，这是很正常的现象，并不是缺陷，同时也是鉴别真伪的重要标准，这一点我们在鉴定时应注意分辨。

翡翠挂件·清代

翡翠翠花·清代

翡翠蝴蝶挂件·清代

2. 民国翡翠

民国翡翠在穿孔特征上基本延续前代，打孔的器物很多，特别是一些翠花上打很多穿孔，以利穿系。有的缝在帽子上，有的缝在衣服上，更有甚者，翡翠孔就像扣子一样有诸多的孔，实际上与清代没有什么不同，多数是兼顾实用与装饰的双重功能。从部位上看，民国翡翠穿孔的部位具有多元化的趋势，有的秋叶上打一个孔，有的则会打上很多孔。从造型上看，翡翠穿孔的造型具有较为固定化的趋势，基本上以小孔为主，像针一样的小孔，有的比针小。从规整程度上看，清代翡翠小孔基本上以圆形为主，但由于是人工打孔，虽然圆孔很小，像针孔一样，但是依然有不规整的情况，我们在鉴定时应注意观察。

翡翠珠子

翡翠飘蓝花如意

翡翠带绿水滴

3. 当代翡翠

　　当代翡翠在穿孔特征上也是比较复杂，在继承传统的基础上有很大发展，主要是向标准化的方向发展，大小不一，总的情况是比清代和民国时期要大一些。从规整程度上看，当代翡翠在穿孔特征上更加标准，小到针孔大小的孔径，大到翡翠镯等大小的圆孔，基本都是机打孔，这样的孔径更加的圆润，较为标准。从位置上看，民国和当代翡翠在打孔特征上也是比较复杂，以传统的中部打孔为主，但是由于这一时期的器物造型非常之多，打孔的位置也是各不相同，再者为了讲究效果，一些器物不一定按照传统打在中部，也可能有意造就不平衡的艺术美感。总之，当代在打孔技术及艺术性上超越以往任何时代，鉴定时应注意分辨。

翡翠执壶（三维复原色彩图）·清代

三、打　磨

　　打磨是翡翠做工的重要环节，翡翠不打磨不成器，只有经过打磨抛光之后的翡翠才晶莹剔透，美不胜收，手感润泽，通体闪烁着非金属的玻璃光泽。无论清代、民国还是当代都十分重视翡翠的打磨，多数是精工细琢，精益求精，这其实是与其材质的珍稀性有关。直到民国时期翡翠其实都是比较稀有的材质，只是在当代由于现代化的开采，大量的翡翠被开采出来，但是当代翡翠受到资源总量等因素的影响，也是十分珍贵，特别是稀有的翡翠原石更是珍贵，在做工上是异常的认真和小心翼翼，在打磨上都是一丝不苟，整齐划一，非常的漂亮。具体我们来看一下。

翡翠弥勒佛

翡翠平安扣

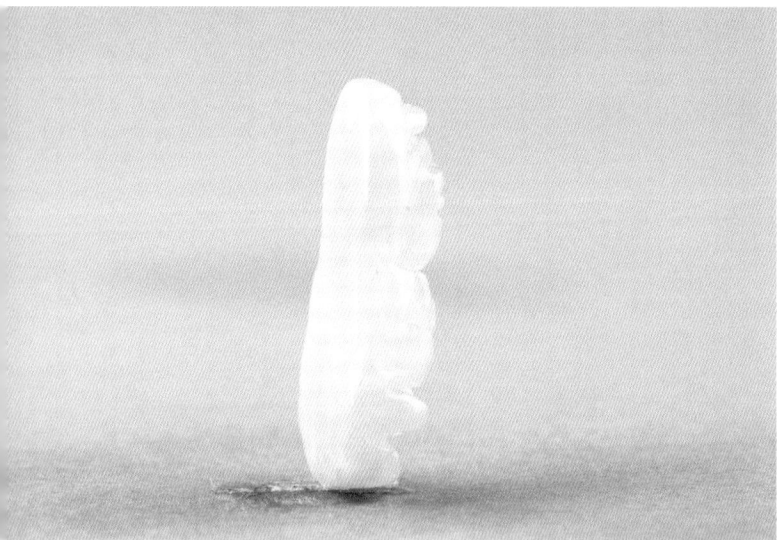

翡翠观音

翡翠冰种戒面

1. 清代翡翠

清代翡翠在打磨上相当认真，多数翡翠都是打磨光滑润泽，我们来看一则实例，翠玉烟壶"器表琢磨光润"（杨伯达，2006）。这并不是一个特例，从大量清代传世下来的翡翠上看，打磨讲究精工细琢，将翡翠打磨到其最为温润的一面，晶莹剔透，美不胜收。所以对于翡翠而言，打磨精益求精是其最为显著的特征之一。

翡翠翠花·清代

2. 民国翡翠

民国翡翠在打磨上依然延续前代，打磨光滑，较为注重全方位无死角的打磨，在态度上十分认真。我们知道翡翠硬度大，相对难于打磨，民国翡翠又是以翠花、秋叶等片状小饰品为多，有的是非常薄的秋叶，但是打磨的相当仔细，而且是手工打磨。可见民国翡翠在打磨上是多么的精细，一丝不苟，可以说一点都不比机械打磨的差，鉴定时应注意分辨。

翡翠挂件·清代

翡翠挂件·清代

3. 当代翡翠

当代翡翠在打磨上可谓是精益求精，大多数作品都不会有问题，因为主要是以机械打磨为主，优点是整齐划一，而且十分细腻，但与手工打磨的区别就是程式化的特征很明显。很多器物在打磨上都一样，较为典型的如珠子，造型也一样，打磨也是一样，如果是大小一样的珠子，我们很难分清楚哪个是哪个，看起来基本都一样。但是机械化打磨的优点就是没有打磨很差的情况，鉴定时应注意分辨。

翡翠带绿水滴

翡翠手串

翡翠碗（三维复原色彩图）·清代

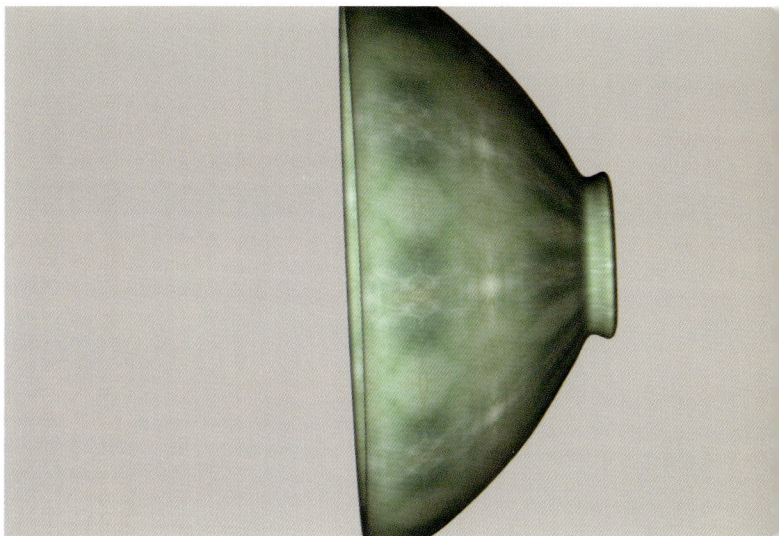

翡翠葫芦

翡翠挂件·清代

四、水 头

水头主要是指透明度，为优质翡翠最为重要的标准之一，但是清代、民国、当代在水头特征上有所不同，下面我们具体来看一下：

1. 清代翡翠

清代翡翠在水头上多数不是太好，水头看起来不明显的情况很常见。有的翡翠色也不错，种也好，但就是没有水头，按照现在的标准显然是质地很差的翡翠，但是在鉴定时不能以现在的标准来衡量清代。其实在清代人们并不是十分注重翡翠的水头，在故宫旧藏中很好的器皿基本上看不到水头，民间更是这样，所看到大量的翡翠在色彩上都很好，就是干得很，几乎没有水头，以色和种取胜，在鉴定时应注意分辨。

翡翠马鞍戒指·清代

翡翠挂件·清代

2. 民国翡翠

民国翡翠在水头上基本延续清代，不是很好，当然这可能与翡翠的开采数量有关，但无论怎样民国翡翠更加注重的是色彩，与清代没有太大区别，基本上都是传统的延续，就不再赘述。

3. 当代翡翠

当代翡翠在水头上比较好，这是当代翡翠与清代和民国翡翠不同之处，也是时代发展的产物。因为当代翡翠在原料上比较多，选择有水的可能性就很大，正是因为清代和民国不重视水，所以当代翡翠特别注重弥补前代之不足，这样当代翡翠就形成了要求种、水、色、工等诸多要素的集合体。

翡翠带绿弥勒佛

翡翠葫芦

翡翠花瓶

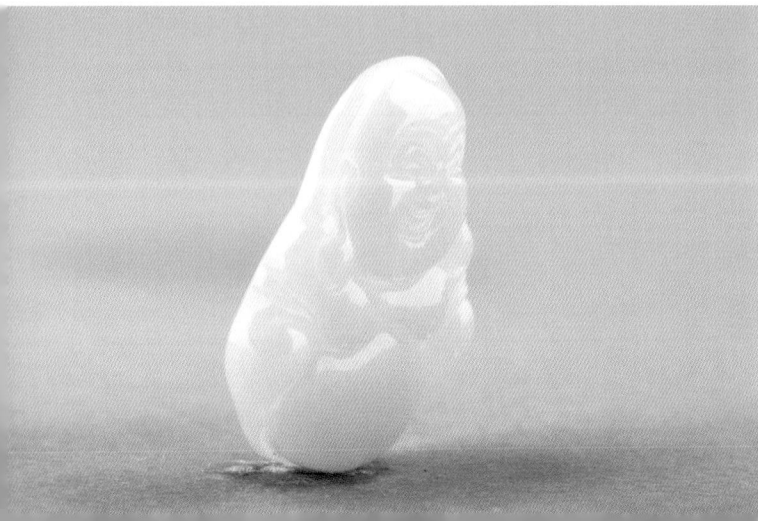

翡翠弥勒佛

五、镶　嵌

翡翠的镶嵌工艺很普遍，无论古代还是当代都有见，常常与金、银、玉、珠宝等镶嵌在一起。不同的材质多是用于凸显翡翠的美，也有形成合力，更加美的意思，同时镶嵌也是翡翠工艺当中分量非常重的一种。不同时代的翡翠在工艺等诸多方面有相异之处，我们在鉴定时应注意分辨。

1. 清代翡翠

清代翡翠在镶嵌上已经是蔚然成风，各种各样的翡翠制品出现了镶嵌，如戒面、帽徽等很多都是选择翡翠来镶嵌，一是它的贵重，二是它的实用。二者结合在一起就构成了一件首饰，这类例子在清代很多。总之，镶嵌翡翠似乎成为明清翡翠的一大特点，不过镶嵌并不是翡翠造型最终所要追求的目标，而只是一种世俗化的表现，这一点从明清传世品数量上不占优势就可以清楚地看到。

翡翠翠花·清代

翡翠吊坠·清代

2. 民国翡翠

民国翡翠制品在镶嵌上依然延续清代，相比较而言有一定的量，但主要是与同时期其他质地的珠宝材质相比较而言，鉴定时应注意分辨。

3. 当代翡翠

当代翡翠制品镶嵌的使用更为普遍，传统的戒指、项链等很多镶嵌翡翠，而且数量特别多，可以说数量应该是各个历史时期最多的了。从结合材料上看也是这样，金、银、钻、翡翠、珠宝等多种材料相互结合在一起，组成了一个个珠宝翡翠的世界。从翡翠品种上看，镶嵌翡翠多选择彩色翡翠，如黄翡、黑翡等，无色翡翠也有见，但数量似乎并不是很多，可见是其在色彩上过于普通所导致，这一点我们在鉴定时应注意分辨。

翡翠观音

六、精致程度

　　翡翠在精致程度上特征比较明确，通常情况下无论是清代、民国的翡翠，还是当代翡翠，都比较精致，不过也偶见做工随意者。当然精致程度是对翡翠总体的评价，包括选料、做工等诸多方面，早期翡翠之所以是以精致为主，显然是与翡翠原料极为稀少有关，人们得到原料不容易，所以通常情况下将翡翠制作得尽善尽美。相反的是，当代翡翠情况发生了巨大变化，翡翠的量猛增，现代机械化的开采将很多翡翠原石都挖了出来，另外，已探明储量，尚未开挖的还有很多。所以，翡翠只有相当好的种、水、色才算是好，在原料极盛的背景之下，抛弃"惜料"传统也属正常。但显然做工粗糙的情况也有见，只是不占主流而已，我们在鉴定时应注意理解。

翡翠带绿弥勒佛

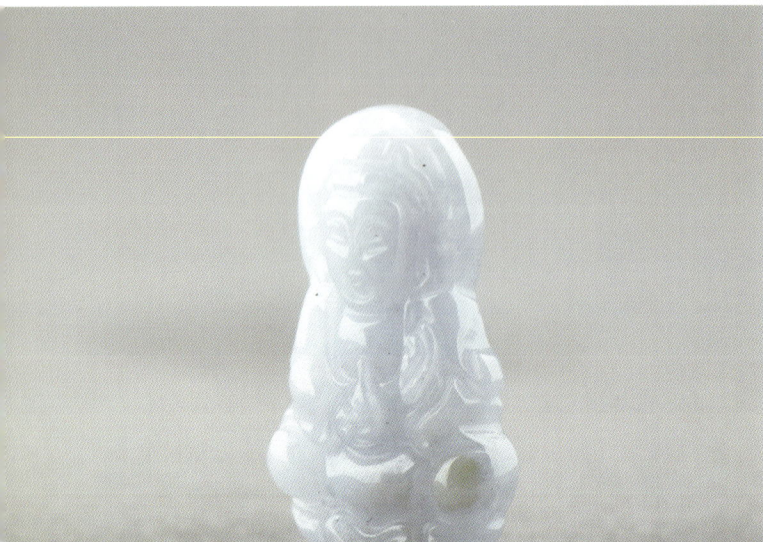

翡翠紫罗兰观音

翡翠挂件·清代

翡翠碗（三维复原色彩图）·清代

翡翠执壶（三维复原色彩图）

翡翠马鞍戒指·清代

1. 清代翡翠

清代翡翠在精致程度上特征明确，各种各样的翡翠制品都出现了，耳环、串珠、吊坠、鼻烟壶、手镯等都常见，工艺相当复杂，多数独立成器，也有多种材料镶嵌在一起成器。清代首饰具有两大特点，一是它的贵重性，二是它的实用性，二者成功地结合在了一起。总之，清代翡翠在做工上精益求精，一丝不苟。粗糙者几乎不见，以精致和普通为主要特征。

2. 民国翡翠

民国翡翠制品在精致程度上依然延续清代，精致、普通、粗糙者都有见，但从传世品上看，民国翡翠真正精致者不多，多数是以普通器皿为主，粗糙器皿偶见。所谓粗糙，多数是在纹饰刻划等方面，当然这与翡翠过硬的质地也有关系。用手工在坚硬的翡翠之上刻划，的确不是一件容易的事情，这一点我们在鉴定时应注意分辨。

翡翠挂件·清代

翡翠挂件·清代

翡翠弥勒佛

翡翠平安扣

3. 当代翡翠

当代翡翠在精致程度上特征十分明确，也是精致、普通、粗糙者都有见，与传统不同的是，比较均衡发展。精致者常见，普通和粗糙的器皿也很多。当代翡翠在精致程度上的特征有规律性可循，总的特点就是原料优良者制作也精致，而普通者制作也是普通，质地粗糙者在做工上也比较粗糙。

翡翠飘蓝花如意

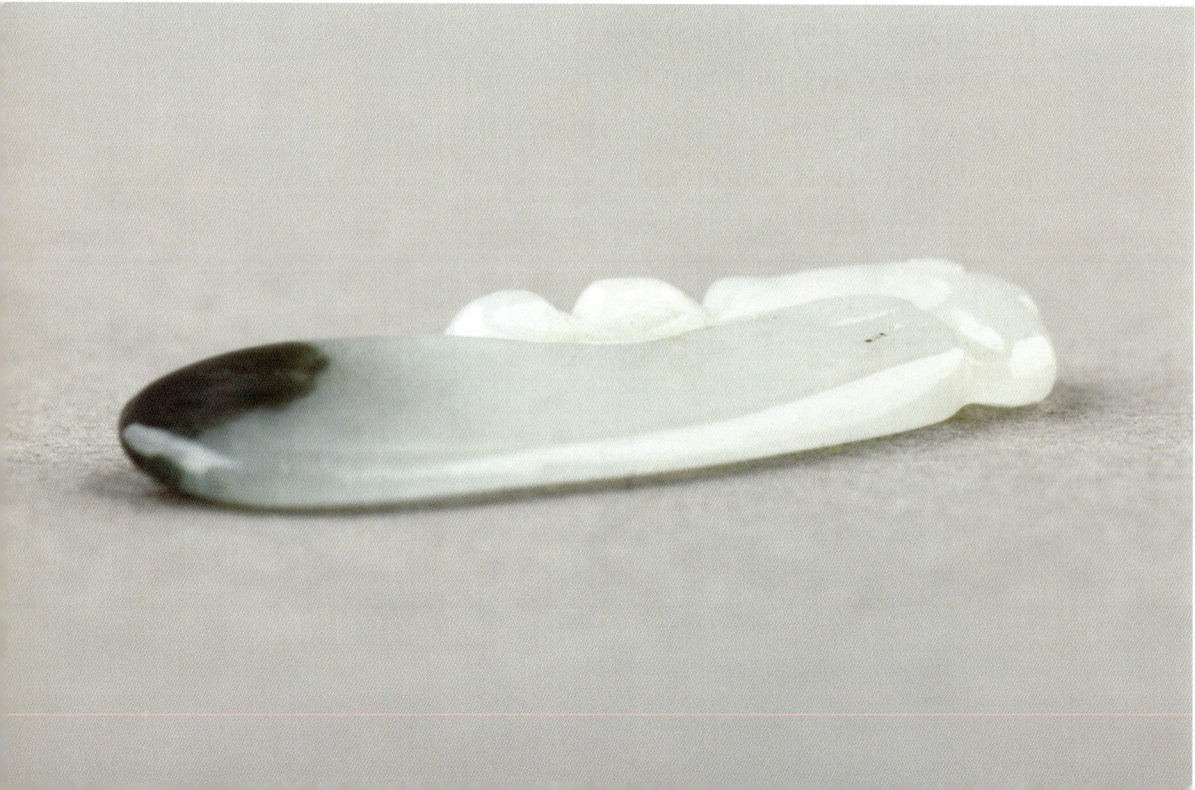

翡翠紫罗兰观音

七、纹 饰

　　翡翠在纹饰上特征相当明显，一件翡翠是否珍贵和价值连城，并非是以纹饰为主，而主要是以种、色、水等为判断标准，但是纹饰也是很重要的点缀，应该算是工艺水平的一部分。由此可见，翡翠并不是以纹饰取胜，但也不排斥纹饰。常见的题材有叶脉纹、"寿"字纹、福寿纹、牛纹、虎、兰花、树木、螭龙纹、人物、山水、缠枝、弦纹、瓜棱纹、龙纹、舞狮、渔翁、莲纹、牡丹、忍冬、蔷薇、梅花、观音、弥勒、竹、果蔬、瑞兽、鱼纹、博古纹、豹、兔、鹿、驼、狮、蝙蝠、鸭、鹅、鸟纹、鸳鸯、燕、喜鹊、鹤、蛙、蜻蜓、蝴蝶、蝉、生肖、侍女、八仙、婴戏、诗文、山石、波浪等，由此可见，翡翠在纹饰上之丰富。但这些纹饰显然都似曾见过，仔细分析这些纹饰都是来自传统，特别是借鉴了很多同时期玉器以及瓷器等诸多材质上的纹饰，但是融合了自身新的特点，交融提升，使之成为较为适合的翡翠题材的纹饰类型。下面我们具体来看一下：

黄翡鱼

翡翠弥勒佛

翡翠蝴蝶挂件·清代

1. 清代翡翠

清代翡翠在纹饰上十分丰富，"寿"字纹、福寿纹、鹿、驼、狮、蝙蝠、鸭、鹅、鸟纹、鸳鸯、燕、喜鹊、鹤、蛙、蜻蜓、蝴蝶、蝉、生肖、侍女、八仙、婴戏、诗文、山石、波浪等都有见。构图合理，雕工细腻，线条流畅，刚劲挺拔，形成了种水、造型、工艺、纹饰并重的翡翠制作工艺。可以描绘很大的场面，讲究画面生动，动作连续，具有动感，写实性比较强，同时也讲究纹饰与造型，相互衬托等特点，鉴定时注意分辨。

翡翠蝴蝶挂件·清代

翡翠翠花·清代

翡翠挂件·清代

黄翡鱼

2. 民国翡翠

民国翡翠在纹饰上特征主要延续清代，蝙蝠、蝴蝶、弦纹、线条纹、花卉纹、瑞兽纹等都有见。构图合理，线条流畅，刚劲挺拔，由于创新不多，故不再过多赘述。

3. 当代翡翠

当代翡翠在纹饰上最为繁盛，各种各样的纹饰题材都出现了，如蝙蝠、蝴蝶、福寿纹、牛纹、虎、兰花、树木、螭龙纹、人物、山水、瓜棱纹、龙纹、舞狮、渔翁、莲纹、牡丹、忍冬、蔷薇、梅花、观音、弥勒、竹、果蔬、瑞兽、鱼纹、蝉、生肖、侍女、八仙、婴戏、诗文、山石、波浪等都有见。从出现频率上看，如花卉、观音、弥勒等出现都比较多，全景式的立体雕件有见，大型的如山子等也有见，层峦叠嶂，亭台隐于山林之间，构图合理，对比强烈，且比例尺寸掌握的十分恰当，总之，在大型翡翠雕件上比以往纹饰更为复杂和宏大。当然，当代翡翠雕刻主要是机械雕刻，至少从数量上看是这样。机雕的出现主要是由于电脑操控使得纹饰刻划变得简单，轻按键盘就可以了，从而避免了因手工雕刻所带来的不确定性和失败，但同时也导致了纹饰同质化比较严重。

翡翠飘蓝花如意

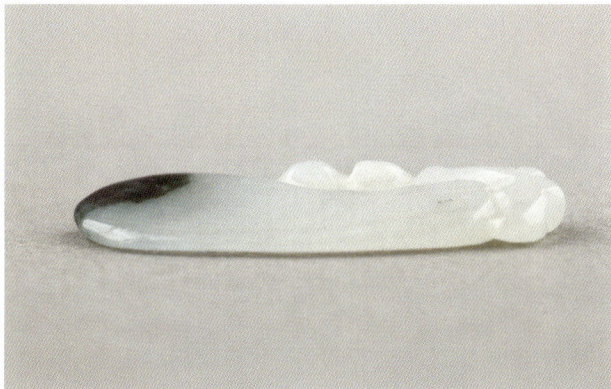

翡翠弥勒佛

翡翠观音

八、造　型

　　翡翠常见的造型主要有胸针、秋叶、牌、挂件、把件、观音、弥勒、佛像、坠、福瓜、如意、龙凤、龙、貔貅、生肖、印章、戒指、镯、簪、鼻烟壶、项链、手串、山子、婴戏、多宝串、高士、花插、平安扣、隔珠、隔片、臂搁、节节高、瑞兽、金蟾、翎管、白菜、墨床、小罐、兔子、龙钩、葫芦、瓶、茶几、围棋、象棋、笔架、水滴、笔舔、鱼、洗、碗、盘、尊、洗、环、带钩、蝴蝶、邪镇、盒、插屏、老料随形、三通、单珠、筒珠等，由此可见，翡翠的造型种类十分丰富。造型对于翡翠鉴定可以说起着决定性的作用，在鉴定时我们应注意几个方面的内容。从时代上看，翡翠在中国的使用历史不长，早在清代中期人们就开始使用翡翠，将翡翠制作成装饰品，来看一则实例，清代翠玉烟壶"器扁"（杨伯达，2006）。由此可见，在清代人们就开始佩戴翡翠吊坠，那时人们将翡翠制作非常小，说明当时翡翠显然是十分珍贵。民国时期基本延续清代，在造型上变化很小。当代翡翠各种器物造型都有见，多数翡翠造型隽永，但主要以小器为主，鉴定时应注意分辨。

翡翠珠子

黄翡鱼

翡翠手串

翡翠蝴蝶挂件·清代

翡翠竹节纹挂件·清代

第四章　识市场

第一节　逛市场

一、国有文物商店

国有文物商店收藏的翡翠具有其他艺术品销售实体所不具备的优势，一是实力雄厚；二是古代翡翠数量较多；三是中高级专业鉴定人员多；四是在进货渠道上层层把关；五是国有企业集体定价，价格不会太离谱。国有文物商店是我们购买翡翠的好去处。基本上每一个省都有国有文物商店，是文物局的直属事业单位之一。下面我们具体来看一看（表4-1）。

表 4-1　国有文物商店翡翠品质状况

名称	时代	品种	数量	品质	体积	检测	市场
翡翠	清代	稀少	较多	优／普	小器为主	通常无	国有文物商店
	民国	稀少	较多	优／普	小器为主	通常无	
	当代	较多	较多	优／普	大小兼备	有／无	

翡翠蝴蝶挂件·清代

翡翠辣椒

翡翠蝴蝶挂件·清代

　　由上可见，从时代上看，国有文物商店古代翡翠有见，但时代非常晚，主要以清代中期以后为主。而我们知道翡翠虽然明清就有见，但真正的流行是在清代中期以后，是受到乾隆皇帝的推崇，才开始流行，因此翡翠传世品比较多，在国有文物商店内较为常见，当代翡翠在文物商店内也有销售，但显然不是主流。从品种上看，清代、民国翡翠比较常见，直至民国时期都是这样，品种以豆种为多见，玻璃种、冰种、水种并不多见，可见老坑料的种、水

翡翠马鞍戒指·清代

翡翠挂件·清代

翡翠挂件·清代

翡翠翠花·清代

并不是很好，显死板，没有生气，色彩也以绿色为重，但满绿、正绿的情况少见，基本上都是不太纯的绿色，有的绿还少一点，白色翡翠也有见。总之，清代中期至民国时期的优者不多见，特别是缺乏水头，这可能与当时人们的评价标准不一样有关。我们知道当代的评价标准是既讲究色、又讲究水、同时讲究种和地，而清代和民国可能主要讲究色，其次讲究种，但不太讲究水。当代翡翠在品种上比较齐全，如无色、红、绿、黄、紫、白、油青、冰白、干白、墨、黑、红褐、黑褐、粉色、红紫、粉紫、嫩绿、草绿、艳绿、浅绿、湖绿、

翡翠豆种飘花葫芦

灰绿、苹果绿、暗绿、葱绿、黄杨绿、祖母绿、玻璃绿、瓜皮绿、菠菜绿、墨绿、豆绿、花青、紫罗兰、白底青、福禄寿等诸色翡翠都有见。从数量上看，国有文物商店内的清代中期至民国时期的翡翠极为常见，在总量上有一定的量，各个文物商店内基本上都有见，只是多少不一而已。大的文物商店过去都是成麻袋的堆在哪里，销售方式二十年前是论公斤称重，有时由于件不大，可能一公斤称几百个，而现在翡翠自然是十分珍贵，有些小件几千元一个很正常，几十万的也有，基本上销售方式变成了论件销售。从数量上看，文物商店的当代翡翠也比较多，但与大型商场比还是逊

翡翠豆种飘花葫芦

色，因为文物商店毕竟不是以销售当代翡翠为主。从品质上看，清代中期以后的翡翠在品质上不是特别好，精品有见，但是数量特别少，大多数是普通的翡翠，质地差的也有；当代翡翠在品质上以优良者为主，普通者有见，品质差者很少见。从体积上看，国有文物商店内的清代、民国翡翠都是以小器为主，这主要是因为翡翠在清代原料过于稀缺所导致，当代翡翠原料充足，在体积上大小兼备。从检测上看，古代翡翠通常没有检测证书，当代翡翠有的检测证书，也只是一些物理性质的数据，优良程度并不能确定。

玻璃艳绿翡翠镯子（三维复原色彩图）

翡翠镯子（三维复原色彩图）·清代

二、大中型古玩市场

大中型古玩市场是翡翠销售的主战场，如北京的琉璃厂、潘家园等，以及郑州古玩城、兰州古玩城、武汉古玩城等都属于比较大的古玩市场，集中了很多翡翠销售商，像北京的报国寺只能算作是中型的古玩市场。下面我们具体来看一下（表4-2）。

翡翠执壶（三维复原色彩图）

表4-2　大中型古玩市场翡翠品质状况

名称	时代	品种	数量	品质	体积	检测	市场
翡翠	清代	稀少	较多	优/普	小器为主	通常无	
	民国	稀少	较多	优/普	小器为主	通常无	大中型古玩市场
	当代	多	多	优/普	大小兼备	有/无	

翡翠观音

翡翠观音

黄翡鱼

由上可见，从时代上看，大中型古玩市场翡翠时代特征明确，清代、民国和当代都有见，古董翡翠比较常见，只是当代翡翠数量比较多而已。从品种上看，古董翡翠比较单一，主要以含绿翡翠的糯种和豆种为主，水头普遍不足，但都是 A 货，而当代翡翠的品种比较多，玻璃种、冰种、水种、糯种、豆种等都有见，各色翡翠也都有见。从数量上看，清代、民国翡翠在文物商店内出现数量极少，基本上以清代中期及民国时期为主，但数量也是比较少，当代大中型古玩市场内的翡翠比较多，店铺内琳琅满目，雕件、串珠、山子、佛像等应有尽有，很多都是批发的门店。从品质上看，翡翠无论是古代还是当代基本上都是以优良料为主，但是普通料也有见，不过从比例上看优质料以当代为多见。从体积上看，大中型古玩市场内的古代翡翠以小件为主，多是一些小薄片的饰品，很少见到大器，而当代的翡翠则是大小兼备。从检测上看，古代翡翠进行检测的很少见，不过大型古玩市场上的翡翠假的很多，我们要注意分辨，但是当代翡翠基本上都进行检测，而且有很多带有检测证书。

翡翠镯子（三维复原色彩图）·清代

三、自发形成的古玩市场

这类市场三五成群，大一点几十户，不是很稳定，有时不停地换地方，但却是我们购买翡翠的好去处。我们具体来看一下（表4-3）。

表4-3 自发形成的古玩市场翡翠品质状况

名称	时代	品种	数量	品质	体积	检测	市场
翡翠	清代	稀少	较多	优／普	小器为主	通常无	自发形成的古玩市场
	民国	稀少	较多	优／普	小器为主	通常无	
	当代	多	多	普	大小兼备	有／无	

翡翠珠子

翡翠带绿水滴

由上可见，从时代上看，自发形成的古玩市场上，清代、民国翡翠都有见，但精品很少，基本上像大海捞针一样，而且假货很多，很多假货都不是高仿品，满身都是油腻，一看就可以看出来，当然这是这类市场上的特点；而当代翡翠在自发形成的古玩市场上是主流，销货有一定的量。从品种上看，自发形成的古玩市场上古董翡翠种类很少，偶见有真品，但品质都不是很好，而且单一，以绿色糯种、豆种为常见；当代翡翠在品种上比较多，

翡翠弥勒佛

但玻璃种等高品质的翡翠在这样的市场比较少见，主要以豆种、糯种为主，品质比较低，最为常见。从数量上看，清代、民国较多，当代更是常见，可见翡翠是极为鼎盛。从品质上看，清代、民国时期精品翡翠很少，跑遍整个市场找不到的情况很常见，而当代普通的翡翠经常可以看到，是销售的主流，品质差者也有见。从体积上看，清代中期及民国基本以小器为主，当代则是大小兼备，这主要是由于当代大量的翡翠被进口到国内，原材料较为充足。从检测上看，这类自发形成的小市场上基本没有检测证书，全靠眼力。

翡翠吊坠·清代

翡翠挂件·清代

仿翡翠镂空饰

翡翠珠子

翡翠珠子

翡翠珠子

翡翠珠子

四、大型商场

　　大型商场内也是翡翠销售的好地方，因为翡翠本身就是奢侈品，同大型商场血脉相连。大型商场内的翡翠琳琅满目，应有尽有，在翡翠市场上占据着主要位置。下面我们具体来看一下（表4-4）。

表 4-4　大型商场翡翠品质状况

名称	时代	品种	数量	品质	体积	检测	市场
翡翠	高古						大型商场
	当代	多	多	普	大小兼备	通常无	

翡翠带绿弥勒佛

由上可见，从时代上看，大型商场内的翡翠主要以当代为主，古代基本没有。从品种上看，商场内翡翠的种类非常多，无色、红、绿、黄、紫、白、油青、干白、墨、黑、粉色、红紫、粉紫、嫩绿、草绿、艳绿、浅绿、湖绿、灰绿、苹果绿、暗绿、葱绿、黄杨绿、祖母绿、玻璃绿、瓜皮绿、菠菜绿、墨绿、豆绿、花青、紫罗兰等诸色翡翠都有见。从数量上看，各类翡翠都非常多，可选择性比较大。从品质上看，大型商场内的翡翠以优质料为主，玻璃种、冰种等都有见，普通料也有见，但品质低的料很少。从体积上看，大型商场内翡翠大小兼备，大到山子、摆件，小到串珠等都有见，基本上以件计价。从检测上看，大型商场内的翡翠多数有检测证书，基本上不必担心真伪问题。

翡翠手串

翡翠弥勒佛

五、大型展会

大型展会，如翡翠订货会、工艺品展会、文博会等成为翡翠销售的新市场。下面我们具体来看一下（表4-5）。

表4-5　大型展会翡翠品质状况

名称	时代	品种	数量	品质	体积	检测	市场
翡翠	清代	稀少	较多	优／普	小器为主	通常无	大型展会
	民国	稀少	较多	优／普	小器为主	通常无	
	当代	多	多	优／普	大小兼备	有／无	

　　由上可见，从时代上看，大型展会上的翡翠清代中期之后直至民国时期都有见，但总量不大，主要以当代为主。从品种上看，大型展会翡翠品种比较多，已知的翡翠种、水、地、色的产品基本上都有见。从数量上看，各种翡翠琳琅满目，数量很多，各个批发的摊位上可以看到堆积如山的翡翠等。从品质上看，大型展会上的翡翠优良者有见，但更多的是普通料，低等级的翡翠料也有见。从体积上看，大型展会上的翡翠大小都有，体积已不是翡翠价格高低的标志，这与当代翡翠原石开采的机械化程度加深，很多优质料被开采出来有关，加之进口力度的增大，大量的翡翠从缅甸被运到中国，已经形成了以品质为判断标准的体系。从检测上看，大型展会上的翡翠多数无检测报告，只有少数精品有。

翡翠吊坠·清代

翡翠珠子

六、网上淘宝

网上购物近些年来成为时尚，同样网上也可以购买翡翠，敲击键盘会出现许多销售翡翠的网站。下面我们来通过一个表格具体看一下（表4-6）。

表4-6　网络市场翡翠品质状况

名称	时代	品种	数量	品质	体积	检测	市场
翡翠	清代	稀少	较多	优／普	小器为主	通常无	网络市场
	民国	稀少	较多	优／普	小器为主	通常无	
	当代	多	多	优／普	大小兼备	有／无	

翡翠珠子

翡翠珠子

翡翠珠子

由上可见，从时代上看，网上淘宝可以很便捷地买到翡翠，通常情况下清代中期、民国时期都有见，数量很多，但是真伪难辨。从品种上看，网络市场上翡翠的品种极全，几乎囊括所有的翡翠品类，如冰种、玻璃种、糯种、豆种等，但优良料主要是以当代为主。从数量上看，当代不同品质的翡翠应有尽有，古董翡翠在品种上比较少见。从品质上看，古董翡翠的品质以优良和普通料为主，主要以普通者为多见，当代以优良和普通为主，粗糙者几乎不见，主要以优良料为主，看来当代翡翠在质量上有了质的飞跃。从体积上看，古董翡翠多是以小件为主，几乎不见大器，当代翡翠在体积上大小兼备的格局也已形成。从检测上看，网上淘宝而来的翡翠大多没有检测证书，只有少部分有，初级藏家建议以买有检测证书者为主，但证书只是其物理性质的描述，并不能对品质进行有效的判断，这一点我们在购买时应注意分辨。

翡翠平安扣

翡翠弥勒佛

翡翠挂件·清代

清代翡翠吊坠

七、拍卖行

翡翠拍卖是拍卖行传统的业务之一，是我们淘宝的好地方。具体我们来看（表4-7）。

表 4-7　拍卖行翡翠品质状况

名称	时代	品种	数量	品质	体积	检测	市场
翡翠	清代	稀少	较多	优／普	小器为主	通常无	拍卖行
	民国	稀少	较多	优／普	小器为主	通常无	
	当代	多	多	优／普	大小兼备	有／无	

紫罗兰四季豆

　　由上可见，从时代上看，拍卖行拍卖的翡翠，清代、民国时期都有见，当代也是主角，这是因为清代民国翡翠精品比较少见，拍卖行很少去拍小件，反倒是当代翡翠精品力作频现，具有拍卖价值。从品种上看，拍卖市场上的翡翠品种比较齐全，以各种色彩的翡翠为显著特征，价格比较贵重。从数量上看，古代翡翠鲜有拍卖，而当代拍卖比较常见。从品质上看，清代民国翡翠优良和普通的质地都有见，而当代翡翠在拍卖场上则是以优良料为主。从体积上看，明清民国翡翠在拍卖行出现多是大器或者是精品，当代翡翠大小兼备。从检测上看，拍卖场上的翡翠一般情况下也没有检测证书，特别是古代翡翠更是这样，而当代翡翠部分有检测证书。

翡翠竹节纹挂件·清代

翡翠翠花·清代

八、典当行

典当行也是购买翡翠的好去处，典当行的特点是对来货把关比较严格，一般都是死当的翡翠作品才会被用来销售。具体我们来看（表4-8）。

表4-8 典当行翡翠品质状况

名称	时代	品种	数量	品质	体积	检测	市场
翡翠	清代	稀少	较多	优／普	小器为主	通常无	
	民国	稀少	较多	优／普	小器为主	通常无	典当行
	当代	多	多	优／普	大小兼备	有／无	

三色翡翠玉镯·清代

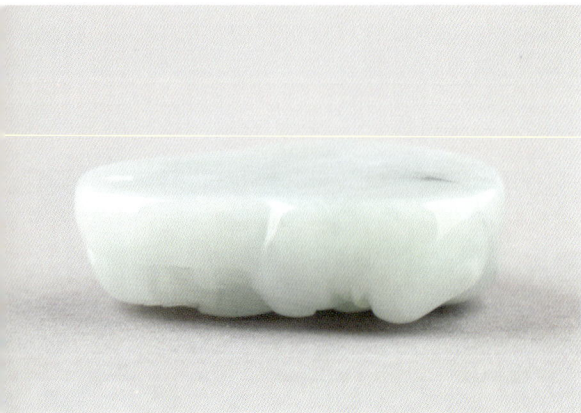

翡翠弥勒佛

翡翠镯子（三维复原色彩图）

　　由上可见，从时代上看，典当行的翡翠古代和当代都有见，主要以当代为主。从品种上看，典当行翡翠的品种较多，无论清代还是民国，以及当代都是这样，几乎涉及到了翡翠较优的种、色、地、水等。从数量上看，清代民国翡翠的数量较多，当代翡翠在典当行也是比较常见，是销售的主流。从品质上看，典当行内的清代民国翡翠以优质和普通者为常见，普通料较多，当代翡翠以优良和普通料为主，品质差者几乎不见。从体积上看，明清翡翠的体积一般都比较小，很少见到大器，典当行内的当代翡翠基本上是大小兼备。从检测上看，典当行内翡翠制品无论古代和当代真正有检测证书者几乎不见，当代的翡翠多数有检测证书，但一般都是死当时的检测证书。

翡翠挂件·清代

黄翡镯子（三维复原色彩图）

第二节　评价格

一、市场参考价

　　翡翠具有很高的保值和升值功能，不过翡翠的价格与时代以及工艺的关系密切。翡翠流行的时间很短，普及的时间是在清代中期以后，直至当代。清代民国和当代翡翠各有优劣，早期翡翠料不太好，但通常情况下，手工制作，雕工细腻，态度认真，工艺精湛。而当代翡翠料比较好，讲究种水地色，当然，这与当代科技的发达有着密切的关联，当代机械制作比较常见。

　　总之，清代民国和当代翡翠，各有千秋，在价格上也是难分胜负，各有各的精品力作。但一般情况下，种色水俱佳，工艺上乘的翡翠，价格都非常高，可谓是一路所向披靡，青云直上九重天，几百万者常见。但品质略逊者，如明清翡翠翠花通常在几千到几万元之间，价格比较低，这是由于其数量比较多，工艺普通所致。总的来看，大多数明清翡翠在价格上总体还不是特别高；当代翡翠也是这样，价格依据品质高低错落有致。由上可见，翡翠的参考价格比较复杂，下面让我们来看一下主要翡翠的价格，但是，这个价格只是一个参考，因为本书列出的价格是已经抽象过的价格，供研究用，实际上已经隐去了该行业的商业机密，如有雷同，纯属巧合，仅仅是给读者一个参考而已。

翡翠吊坠·清代

黄翡鱼

翡翠花卉纹挂件·清代

清 银嵌翠手链：3 万～6 万元。

清 银嵌翠项链：0.7 万～0.9 万元。

清 银嵌翠胸针：0.2 万～0.6 万元。

清 紫檀嵌银丝翡翠盒：1.6 万～2.8 万元。

清 翡翠雕麒麟摆件：4 万～6 万元。

清 紫檀嵌翡盒：5 万～8 万元。

清 翡翠带勾：0.7 万～1 万元。

清 翡翠杯：0.3 万～0.5 万元。

清 翡翠香熏：4.8 万～6.6 万元。

清 翡翠炉：6.8 万～8.8 万元。

清 翡翠镇：8 万～10 万元。

清 翡翠项链：3 万～6 万元。

清 翡翠小插屏：8 万～12 万元。

清 银鎏金翡翠白玉珊瑚帐勾：2.5 万～3.5 万元。

清 翡翠项链：2 万～6 万元。

清 琥珀朝珠：0.6 万～0.8 万元。

清 翡翠罐：2 万～3 万元。

清 翡翠龙勾：0.9 万～1.6 万元。

当代 童子观音：3200 万～3800 万元。

当代 翡翠项链：30 万～3800 万元。

当代 玻璃种手镯：3000 万～3600 万元。

当代 翡翠手镯：260 万～5800 万元。

当代 翡翠毛笔：4.8 万～6.8 万元。

当代 翡翠吊坠：2 万～3 万元。

当代 翡翠镶钻石挂件：7.8 万～9.8 万元。

当代 满绿翡翠配钻石戒：10 万～30 万元。

当代 紫罗兰翡翠观音：10 万～20 万元。

当代 冰种翡翠观音吊坠：88 万～108 万元。

当代 翡翠摆件：1 万～2 万元。

当代 翡翠洗：0.3 万～0.6 万元。

当代 翡翠挂坠：0.36 万～0.6 万元。

当代 翡翠地藏王：0.42 万～0.48 万元。

当代 翡翠小瓶：2 万～3 万元。

当代 翡翠摆件：2 万～6 万元。

当代 翡翠挂件：3 万～7 万元。

当代 翡翠胸针：1.8 万～36 万元。

当代 玻璃种翡翠手镯：48 万～68 万元。

当代 翡翠坠：65 万～85 万元。

当代 翡翠耳环：28 万～52 万元。

当代 翡翠带扣：3.2 万～4.1 万元。

当代 翡翠项圈：9.5 万～18 万元。

当代 翡翠挂坠：16 万～43 万元。

当代 翡翠挂件：3.3 万～190 万元。

当代 同心环翡翠耳环：16 万～18 万元。

当代 翡翠配钻胸针：2.5 万～3.5 万元。

当代 翡翠弥勒佛配钻吊坠：3.5 万～4.5 万元。

当代 翡翠配钻耳环：5.6 万～8.9 万元。

当代 玻璃种翡翠手镯：18 万～28 万元。

当代 冰种翡翠吊坠：3.8 万～4.8 万元。

当代 冰种翡翠挂件：4.8 万～6.8 万元。

当代 紫罗兰翡翠配钻戒：18 万～28 万元。

当代 翡翠配钻胸针：2.8 万～23 万元。

当代 翡翠配钻吊坠：5.8 万～8.8 万元。

当代 翡翠手串：4.5 万～6.8 万元。

当代 冰种翡翠观音：33 万～38 万元。

当代 翡翠手镯：20 万～43 万元。

当代 翡翠配钻戒：22 万～28 万元。

当代 紫罗兰翡翠项链：65 万～88 万元。

当代 玻璃种翡翠观音：18 万～22 万元。

当代 冰种翡翠观音挂件：18 万～28 万元。

当代 翡翠配钻戒：18 万～33 万元。

二、砍价技巧

翡翠珠子

砍价是一种技巧，但并不是根本性的商业活动，它的目的就是与对方讨价还价，达成双方均满意的交易价格。但从根本上讲砍价只是一种技巧，理论上只能将虚高的价格谈下来，但当接近成本时显然是无法真正砍价的，所以忽略翡翠的时代及工艺水平来砍价，结果可能不会太理想。通常翡翠的砍价主要有这几个方面，一是种，冰种翡翠和糯种一比，差别自然存在；二比色，满绿且色正的翡翠与其他色彩或者色不正者价格相差可谓是天壤之别；另外，还有地色、水头、净度、工艺、完残等诸多方面的要素，因此，对于一件翡翠价格高低的判断是综合的，而在这些因素当中只要知道一样瑕疵，就可以成为砍价的利器。二是时代，翡翠的时代特征对于翡翠的价格有一定的影响，由于翡翠自清代中期才开始流行，所以时代特征上决定价格的因素较为弱化，主要是以质和工为重，但如果能找到时代上的瑕疵，则必然也会成为砍价的利器。从精致程度上看，翡翠的精致程度还会受到宫廷和民间、名家和普通雕刻艺术家的区别，但从

翡翠观音

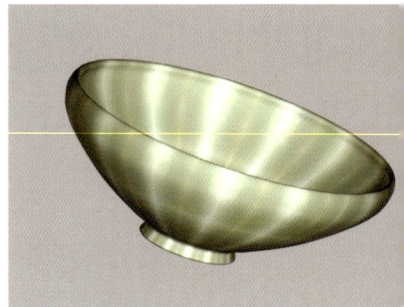

黄翡镯子（三维复原色彩图）　　玻璃艳绿翡翠执壶（三维复原色彩图）　　翡翠碗（三维复原色彩图）

宏观上可以分为精致、普通、粗糙三个等级，那么其价格自然也是根据等级参差不齐，所以将自己要购买的翡翠纳入相应的等级，这是砍价的基础。总之，翡翠的砍价技巧涉及诸多方面的要素，从中找出缺陷，必将成为砍价成功的关键。

翡翠观音

翡翠珠子

第三节　懂保养

一、清　洗

清洗是收藏到翡翠之后很多人要进行的一项工作，目的就是要把翡翠表面及断裂面的灰土和污垢清除干净。但在清洗的过程当中首先要保护翡翠不受到伤害，一般不采用直接放入水中来进行清洗，因为自来水中的多种有害物质会使翡翠表面受到伤害，通常是用纯净水清洗翡翠，待到表面污渍完全溶解后，再用棉球将其擦拭干净。遇到未除干净的污渍，可以用牛角刀进行试探性的剔除，如果还未洗净，请送交文物专业修复机构进行处理，千万不强行剔除，以免伤划伤翡翠。

二、修　复

明清翡翠历经沧桑风雨，大多数翡翠需要修复，主要包括拼接和配补两部分。拼接就是用黏合剂把破碎的翡翠片重新黏合起来，拼接工作十分复杂，有时想把它们重新黏合起来也十分困难。一般情况下主要是根据共同点进行组合，如根据碎片的形状、纹饰等特点，逐块进行拼对，最好再进行调整。配补只有在特别需要的情况下才进行，一般拼接完成就已经完成了考古修复，只有商业修复才将翡翠配补到原来的形状。当代翡翠由于是商品，很少出现需要修复的情况。

翡翠马鞍戒指·清代

翡翠蝴蝶挂件·清代

翡翠蝴蝶挂件·清代

翡翠吊坠·清代

三色翡翠玉镯·清代

三、防止磕碰

明清翡翠在保养中最大的问题就是防止磕碰，因为翡翠在历经数千年岁月长河之后，非常的脆弱，稍有不慎，一些片雕的作品就会断开，对文物造成不可弥补的损失。那么在这一情况下，防止磕碰最主要的一点就是慎重对待古翡翠。首先要轻拿轻放，其次是铺上软垫，最后是减少移动和把玩，另外就是独立包装，单独存放，这样可以最大限度地保存翡翠。

翡翠挂件·清代

翡翠挂件·清代

翡翠翠花·清代

四、防止加热

翡翠虽然机理稳定，但也不能经受暴晒，所以一般情况下要减少在阳光下直射或暴晒；同时也不要将其放置在火炉旁，或者是有明火的地方，这样会使其失水，色彩、透明度发生一定的变化。

五、日常维护

翡翠日常维护的第一步是进行测量，对翡翠的长度、高度、厚度等有效数据进行测量，目的很明确，就是对翡翠进行研究，以及防止被盗或是被调换。第二步是进行拍照，如正视图、俯视图和侧视图等，给翡翠保留一个完整的影像资料。第三步是建卡，翡翠收藏当中很多机构，如博物馆等，通常给翡翠建立卡片。首先是名称，包括原来的名字和现在的名字，以及规范的名称；其次是年代，就是这件翡翠的制造年代、考古学年代；最后是质地、功能、工艺技法、形态特征等详细文字描述，这样我们就完成了对古代翡翠收藏最基本的工作。第四步是建账，机构收藏的翡翠，如博物馆通常在测量、拍照、卡片，包括绘图等完成以后，还需要入国家财产总登记账和分类账两种，一式一份，不能复制。主要内容是将文物编号，有总登记号、名称、年代、质地、数量、尺寸、级别、完残程度以及入藏日期等，总登记账要求有电子和纸质两种，是文物的基本账册。藏品分类账也是由总登记号、分类号、名称、年代、质地等组成，以备查阅。另外，平时不用时应涂油保护，或者直接放置在纯净水中即可。

翡翠豆种飘花葫芦

翡翠镯子（三维复原色彩图）·清代

翡翠珠子

六、相对温度

翡翠的保养中室内温度也很重要，特别是对于经过修复、复原的翡翠，温度尤为重要。因为一般情况下黏合剂都有其温度的最高临界点，如果超出就很容易出现黏合不紧密的现象。一般库房温度应保持在 20 ～ 25℃，这个温度较为适宜，我们在保存时注意就可以了。

七、相对湿度

一般情况下中国古代翡翠的相对湿度应保持在 30% ～ 70% 之间，当然还要视保存现状等情况来分析，严格来讲应该对于每一件翡翠的保存环境进行湿度分析，以确定其具体的湿度范畴。

翡翠观音

翡翠冰种戒面

第四节　市场趋势

一、价值判断

　　价值判断就是评价值，我们做了很多的工作，就是要做到能够评判价值，但一般来讲我们要能够判断翡翠的三大价值，即研究价值、艺术价值、经济价值，当然，这三大价值是建立在诸多鉴定要点的基础之上的。研究价值主要是指在科研上的价值，如清代翡翠所反应出的时代特征，即所蕴含的历史信息，通过这些信息可以使我看到那个已经逝去的社会，复原清代人们生活的点点滴滴，具有很高的历史研究价值。总的来看翡翠的历史并不长，但翡翠在历史上名品荟萃，对于历史学、考古学、人类学、博物馆学、民族学、文物学等诸多领域都有着重要的研究价值，日益成为人们关注的焦点。翡翠的艺术价值如造型艺术、俏色艺术、纹饰、造型、雕刻艺术等，都是同时代最高艺术水平的体现，如清代和当代翡翠的精品都具有较高的艺术价值，而我们收藏的目的之一就是要挖掘这些艺术价值。在研究价值和艺术价值基础上，翡翠自然具有了很高的经济价值，且研究价值、艺术价值、经济价值互为支撑，相辅相成，呈现出的是正比的关系，研究价值和艺术价值越高，经济价值就会越高，反之经济价值则会逐渐降低。翡翠还受到"物以稀为贵"、种、色、地、水头等诸多要素的影响。另外，就是品相，其经济价值很多时候是受到品相的影响，品相优者经济价值就高，反之则低。

翡翠吊坠·清代

二、保值与升值

中国古代翡翠的流行历史并不长，在清代中期开始流行，直至当代亦是非常流行，虽然流行时间短，但不同历史时期的翡翠在价值上还是有所不同。明清时期人们更为重视色，当代人们在注重色的同时，更为重视水头等，而早期翡翠则是具有这方面的缺陷。从翡翠收藏的历史来看，翡翠一直受到人们的追捧，是一种极为重要的收藏品，在战争和动荡的年代，人们对于翡翠的追求夙愿会降低，而盛世人们对翡翠的情结则会水涨船高，趋之若鹜，翡翠会受到人们追捧，特别是满色有水头，种色俱佳的翡翠，更是值得人们收藏。近些年来股市低迷、楼市不稳有所加剧，越来越多的人把目光投向了翡翠收藏市场，在这种背景之下翡翠与资本结缘，成为资本追逐的对象，高品质翡翠的价格扶摇直上，升值数十倍、上百倍，而且这一趋势依然在迅猛发展。

翡翠挂件·清代

翡翠挂件·清代

从品质上看，人们对于翡翠品质的追求是永恒的，翡翠并非都是精品力作，但人们对于翡翠追求的源动力则来自于对美好生活的回忆。翡翠切近生活，具有浓郁的生活气息，正好契合人们的各种美好夙愿，是人们日常佩戴的艺术品。

从数量上看，对于翡翠而言已是不可再生，特别是一些大师的作品更是十分难得，工艺精湛，是物质文化的一个象征，满绿俱佳者少见，过少的产量自然会引起资源的紧张。因此，翡翠具有很强的保值、升值的功能。

翡翠弥勒佛

翡翠飘蓝花如意

　　总之，翡翠的消费特别大，人们对翡翠趋之若鹜，翡翠不断被爆出天价，被各个国家收藏者所收藏，且又不可再生，所以"物以稀为贵"的局面将持续，翡翠保值、升值的功能则会进一步增强。

参考文献

[1] 苏州博物馆 . 苏州盘门清代墓葬发掘简报 [J]. 文物 ,1990（4）.

[2] 杨伯达 . 清宫旧藏翡翠器简述 [J]. 故宫博物院院刊 ,2006（6）.